Die Neue Tierpsychologie

Georges Bohn

Die Neue Tierpsychologie

Autorisierte deutsche Übersetzung von

Dr. Rose Thesing

„L'ideê de science est intimement
liée à celle de mécanisme et de dêterminisme.“
Giard.

Preisgekrönt von der
Pariser Académie des sciences morales et politiques

Verlag von Veit & Comp., Leipzig 1912

Druck von Metzger & Wittig in Leipzig.

Vorwort.

Dieses Buch ist die Fortsetzung und Vollendung meines Buches „Die Entstehung des Denkvermögens“.[1] In diesem Buche versuchte ich das erste Auftreten des Psychismus bei niederen Tieren nachzuweisen, in dem vorliegenden Bande zeige ich seine Entwicklung und Ausbreitung bei den Gliedertieren einerseits und bei den Wirbeltieren andererseits.

Mein Bestreben ist es, die psychologischen Vorgänge stets auf biologische zurückzuführen. Weiterhin versuche ich zu zeigen, in welch neuem Lichte uns die biologischen (und psychologischen) Probleme erscheinen, wenn wir sie von physikalisch-chemischen Gesichtspunkten betrachten. Die mehr oder minder phantastischen Erzählungen der früheren Psychologie lasse ich dabei natürlich ganz beiseite und stütze mich lediglich auf die neuesten, in wirklich wissenschaftlichem Geiste verfaßten Arbeiten. Das Motto, das ich diesem Buche voransetze, zeigt, was ich darunter verstehe, und wie geringe Sympathien ich finalistischen Erklärungen entgegenbringe.

Die in diesem Buche niedergelegten Ideen und Tatsachen habe ich zum erstenmal in meinen Vorlesungen an der Sorbonne behandelt.

Georges Bohn.

---

[1] Deutsche Ausgabe 1910. Verlag Theod. Thomas, Leipzig.

Inhalt.

Dritter Teil.

Analyse der psychischen Vorgänge bei den Wirbeltieren.

Einleitung.

Im Jahre 1900 haben drei deutsche Physiologen, Bethe, Th. Beer und v. Uexküll, nachdem sie die Übertreibungen und Irrtümer der Tierpsychologen genugsam bespöttelt hatten, den Ausspruch getan: „für den Biologen gibt es keine Tierpsychologie". Über die „Berechtigung" einer vergleichenden Psychologie wurden mehrere Jahre lang unzählige und oft recht leidenschaftliche Debatten geführt. Aber trotzdem sie so oft totgesagt wurde, war die Tierpsychologie dennoch zu keiner Zeit so lebendig wie heute. Bedeutende Biologen haben es nicht verschmäht, neue Methoden auszuarbeiten und kritische Überlegungen anzustellen, die sie in den Dienst dieser Wissenschaft stellten; ihnen hat die Tierpsychologie in erster Linie ihre Auferstehung in verbesserter Gestalt zu danken. Anstatt darüber zu streiten, ob es möglich sei, über das Bewußtsein der Tiere etwas zu erfahren, machte man sich daran, die Handlungen der Tiere zu analysieren; experimentelle Untersuchungen, die mit aller wissenschaftlich wünschenswerten Strenge durchgeführt wurden, traten an Stelle der unfruchtbaren Wortstreite der früheren Psychologen.

In Amerika erschienen innerhalb der letzten 10 Jahre mehrere hundert Arbeiten aus dem Gebiete der Tierpsychologie. Über die wirbellosen Tiere haben besonders Jacques Loeb, G. H. Parker, Jennings, Holmes und Turner gearbeitet, während sich Thorndike, Kinnaman, Yerkes, Watson, Berry und andere vornehmlich mit den Wirbeltieren beschäftigten. Dank dem Einfluß von Yerkes nimmt die Tierpsychologie in dem „Journal of Neurology and Psychology" einen breiten Raum ein.[1] Eine ausgezeichnete Übersicht über alle neueren einschlägigen Arbeiten gibt das Buch von M. Washburn „The animal mind".

In Frankreich war mir selbst zuerst der Gedanke gekommen, die ethologische Methode bei den Untersuchungen über die Lebenstätigkeiten der niederen Tiere anzuwenden, d. h. diese Tätigkeiten als Funktion zahlreicher Variabler aufzufassen und nun den Anteil der äußeren Bedingungen zu bestimmen. Mehrere Forscher sind mir bereits auf diesem Wege gefolgt.

Überaus wichtige Arbeiten, betreffend die höheren psychischen Tätigkeiten, sind aus dem Pawlowschen Laboratorium in Petersburg hervorgegangen. Dort haben Zéliony, Orbéli, Toropoff und andere die Methode des „psychischen Speichelreflexes" angewendet. Ebenfalls hat der Genfer Claparède durch seine Schriften viel zum Bekanntwerden der neuen Tendenzen der vergleichenden Psychologie beigetragen. Dagegen haben Deutschland und besonders England an der großen, die Erneuerung der Tierpsychologie anstrebenden Bewegung nur einen verhältnismäßig geringen Anteil genommen. Die deutschen Arbeiten sind entweder rein physiologische

---

[1] Seit dem 1. Januar 1911 erscheint in New York das erste eigene Organ für Tierpsychologie unter dem Namen „Journal of Animal Behaviour".

Untersuchungen, oder sie sind in ganz anthropomorphistischem Geiste verfaßt. Vor kurzem versuchte Zur Strassen in seiner Broschüre „Die neuere Tierpsychologie"[1] gegen diese veraltete Richtung anzukämpfen.

Am deutlichsten zeigt sich die Bedeutung der modernen wissenschaftlichen Tierpsychologie an dem breiten Raum, den sie auf den beiden letzten großen Versammlungen, dem Zoologenkongreß in Boston (1907) und dem Psychologenkongreß in Genf (1909) eingenommen hat.

Trotz der zahlreichen in den letzten Jahren publizierten Arbeiten, hat sich jedoch die „neue Tierpsychologie" noch nicht soweit entwickelt, um wissenschaftlich befriedigen zu können. Zu viel Zeit wurde auf die Bekämpfung der „alten Psychologie" verwendet. Man sammelte wohl eine Unmenge von Tatsachen, ohne jedoch die Beziehungen zwischen den Tatsachen zu erforschen. So erarbeitete man zwar einzelne wahrhaft fruchtbare Methoden, aber sie gestatten keine allgemeine Anwendung. Eine Methode, mit der man bei der einen Tiergruppe glänzende Resultate erzielt, kann bei einer anderen vollständig versagen.

Um eine Übersicht über den augenblicklichen Stand der Tierpsychologie zu geben, erschien es mir zweckmäßig, die verschiedenen Richtungen und Untersuchungsmethoden systematisch zu besprechen. Aus dieser Überlegung heraus habe ich das Tierreich in drei große Abschnitte geteilt. Zuerst will ich die vielgestaltige Welt der niederen Tiere, der Infusorien, Polypen, Seesterne und Würmer beschreiben, die sich in ihren Reaktionen nicht erheblich von ihren Geschwistern aus dem Pflanzenreich unter-

[1] Verlag von B. G. Teubner, Leipzig 1909.

scheiden. Wie diese sind sie nur für die großen Naturkräfte, Licht, Schwerkraft, Feuchtigkeit, Luft, empfindlich, doch ist ihre Körpersubstanz sensibler und bewahrt die Eindrücke der auf sie wirkenden Reize länger auf. In dem Maße als das Nervensystem sich ausbildet, werden die Reize zu Empfindungen, diese kombinieren sich in verschiedener Weise, die Reaktionen erscheinen nicht mehr als direkte Antworten auf die äußeren Reize und man gewinnt den Eindruck, daß das Tier sich von den äußeren Bedingungen immer unabhängiger macht.

Die Lebensäußerungen, die man unter dem etwas verschwommenen Namen „Psychismus“ zusammenfaßt, erfahren die weitgehendste Vervollkommnung bei den beiden spezialisiertesten Gruppen des Tierreichs, den Arthropoden und den Vertebraten. Wir werden späterhin sehen, welche wichtige Rolle dem Chemismus bei diesen Fragen zukommt. Nun sind die chemischen Umsetzungen der Arthropoden und der Wirbeltiere ganz verschieden. Charakteristisch für die erste Gruppe ist das Chitin, für die Wirbeltiere die Knochen.

Das Chitin erscheint zuerst bei den Rotatorien, hier tritt es rein als „Schmuckmerkmal“ ohne weitere biologische Bedeutung auf, aber bei den höheren Klassen bedingt es große Umwälzungen in der Organisation. Am ausgesprochensten tritt uns das bei den Crustaceen und Insekten entgegen. Diese Tiere, mit ihrem aus gegliederten und mit Chitinleisten versehenen Stücken bestehendem Hautpanzer, ihrem mit Pigmentflecken besetzten Rückenschild, auf dem sich einzelne der Flecken bereits zu hochorganisierten Augen entwickelt haben, sind ganz veräußerlicht, ganz Sensibilität. Ihre Empfindungen verfeinern und assoziieren sich, ferner sind diese Empfindungen nicht nur äußeren, sondern auch inneren Ursprungs; jede Bewegung ist von Empfindungen begleitet (Muskelempfindungen), und diese wieder lösen die nächstfolgende Bewegung aus. Auf diese Weise kommt eine durch Gewohnheiten geschaffene Kette von Empfindungen und Bewegungen zustande; eine einmal begonnene Tätigkeit muß ihren vollständigen Ablauf nehmen. Man wollte darin, daß die Tiere sich häufig durch nichts in einer Tätigkeit beirren lassen, eine Äußerung der „Aufmerksamkeit" sehen, — das Insekt sollte sich dem Menschen annähern. In Wirklichkeit ist diese Tatsache nur ein Ausdruck dafür, daß das Tier sich gewissen Empfindungen nicht zu entziehen vermag; es bleibt stets den stärksten Empfindungen untertan.

Knorpel und Knochen erscheinen zuerst bei den Schwimmtieren, den Fischen, und da vor allem am Kopfe. Es kommt zu der Ausbildung einer Schädelkapsel und — vielleicht als Folge der schützenden knöchernen Kapsel — entwickelt sich aus dem Nervensystem das Zentralorgan. Je höher man in der Wirbeltierreihe aufsteigt, desto stärker wächst die Kopfnervenmasse an, bis sie sich aus primitiven Anfängen zu dem wunderbaren Assoziationsapparat, dem Gehirn, entwickelt hat. Mit der Ausbildung des Gehirns geht eine mächtige Entfaltung der Intelligenz einher und damit zugleich wird das Maximum der Unabhängigkeit gegenüber äußeren Kräften erreicht.

Wir sind heute nicht mehr der Meinung, daß das Tierreich eine gerade Entwicklungsreihe vorstellt, in der die Wirbeltiere sich aus den Arthropoden entwickelt haben. Vielmehr sind diese beiden Tiergruppen, wie dies Bergson[1]

[1] H. Bergson, „L'évolution créatrice". Bibliothèque de philosophie contemporaine. F. Alcan. 1907.

in seinem Buche „L'évolution créatrice" ausgeführt hat, die Endpunkte zweier ganz entgegengesetzter Entwicklungsrichtungen.

„Auf den beiden Wegen, den die Entwicklung eingeschlagen hat, um einerseits zu den Arthropoden, anderseits zu den Vertebraten zu gelangen, bestand die Entwicklung in erster Linie (abgesehen von den Fällen der Rückbildung durch Parasitismus oder durch andere Ursachen) in einer Vervollkommnung des motorisch-sensiblen Nervensystems. Die Natur erstrebt leichte Beweglichkeit, Biegsamkeit, Mannigfaltigkeit der Bewegungen (natürlich erst nach vielem Herumtasten, wobei sie zuerst in den Fehler verfiel, die Masse und die brutale Kraft zu übertreiben). Aber dieses Streben und Suchen vollzog sich in zwei verschiedenen Richtungen. Ein Blick auf das Nervensystem der Arthropoden und das der Wirbeltiere zeigt uns sofort den Unterschied. Der Körper der ersteren besteht aus einer längeren oder kürzeren Reihe hintereinander geschalteter Ringe, die motorische Tätigkeit verteilt sich dann auf eine wechselnde, oft ziemlich beträchtliche Anzahl von Körperanhängen verschiedener Funktion. Bei den Wirbeltieren konzentriert sich die Tätigkeit auf zwei Paar Gliedmaßen, und die Funktionen der einzelnen Organe sind weit weniger von deren Gestalt abhängig . . ."

Auf verschiedenen Wegen gelangte man demnach einerseits zur Ameise, andererseits zum Menschen. Die Ameise aber ist die vollkommenste Verkörperung des Instinktes, der Mensch die höchste Vollendung der Intelligenz. Bergson will uns in sehr überzeugender und verlockender Weise die beiden Entwicklungswege weisen, deren Endpunkte Instinkt und Intelligenz ausmachen.

„Empfindungslosigkeit der Pflanzen, Instinkt und Intelligenz sind die Elemente, die alle drei aus der Lebenstätigkeit hervorgehen. Während einer Entwicklung, in der sie sich häufig in den unerwartetsten Formen manifestierten, gingen ihre Wege, allein durch das Faktum ihrer Weiterentwicklung, auseinander. Der Grundirrtum, der seit Aristoteles sich von Geschlecht zu Geschlecht weiter vererbt und die meisten Naturphilosophieen verseucht hat, liegt darin, daß man in dem pflanzlichen, dem instinktiven und dem vernünftigen Leben drei Entwicklungsgrade des gleichen Geschehens annehmen wollte, während es doch drei divergierende Richtungen einer Lebenstätigkeit sind, die sich auf einer gewissen Ausbildungsstufe in diese drei Wege gespalten hat. Die Unterschiede zwischen diesen drei Richtungen sind nicht etwa Intensitätsunterschiede, oder auch nur graduelle Unterschiede, sie sind vielmehr durch eine Wesensverschiedenheit bedingt.“

Wenn dem wirklich so ist, dann können wir uns nicht mehr darüber wundern, daß die Methoden, die man mit gutem Erfolge bei der Analyse der Instinkte und der Intelligenz anwendet, untereinander verschieden sind. Auch meine Unterteilungen fänden dadurch ihre Rechtfertigung.

Erster Teil.

Experimentelle Analyse der Lebenstätigkeiten der niederen Tiere.

I.

Anwendung der physikalischen Chemie auf die Psychologie.

Ein Gesichtspunkt, der sich bei den Untersuchungen über die Lebenstätigkeiten der niederen Tiere besonders fruchtbar erwiesen hat, ist der physikalisch-chemische. Nach Jacques Loeb sind die Tiere „chemische Maschinen", und die wissenschaftliche Analyse der psychischen Erscheinungen hat nur die Aufgabe, die ihnen zugrunde liegenden physikalisch-chemischen Gesetze aufzufinden. Loeb selbst erbrachte den Nachweis, daß sich diese Forderung — wenigstens für manche Fälle — erfüllen läßt, und ich möchte gleich hier wenigstens die wichtigsten durch die Anwendung physikalisch-chemischer Methoden auf die Psychologie gewonnenen Resultate anführen.[1]

[1] Vergl. den Vortrag von J. Loeb auf dem Genfer Kongreß (1909) und „Die Bedeutung der Tropismen für die Tierpsychologie". Leipzig 1909.

Erster Fall. — Ein Tier, das seitlich vom Licht getroffen wird, dreht sich automatisch herum, bis es der Lichtquelle gegenüber steht.

Bei diesem Vorgang müssen wir zwei Faktoren berücksichtigen: die photochemische Wirkung des Lichtes und den symmetrischen Körperbau des Tieres.

Was die photochemische Wirkung des Lichtes betrifft, so wissen wir heute, daß eine große Zahl chemischer Reaktionen im organischen Körper, ganz besonders Oxydationsprozesse, durch das Licht beeinflußt werden. Man braucht sich in dieser Hinsicht nicht allein auf Loeb zu verlassen, die Arbeiten von Luther, Neuberg, Ciamician und Wolfgang Ostwald weisen nach der gleichen Richtung. Auf Grund der zahlreichen, von diesen Forschern aufgefundenen Tatsachen, haben wir das Recht zu behaupten, daß die Wirkung des Lichtes auf Tiere und Pflanzen im letzten Grunde auf eine Veränderung in der Geschwindigkeit des Ablaufs chemischer Reaktionen in den Retinazellen, oder anderen lichtempfindlichen Zellen des Organismus, zurückgeht. Mit der Lichtintensität nimmt auch die Geschwindigkeit mancher chemischer Reaktionen, speziell der Oxydationen, nach einem Gesetz zu, an dessen Erforschung man gegenwärtig arbeitet.

Wenn wir andererseits von dem symmetrischen Körperbau der Organismen sprechen, so meinen wir nicht bloß eine morphologische, sondern auch eine chemische Symmetrie. Die symmetrischen Körperstellen sind chemisch identisch und zeigen den gleichen Stoffwechsel, während die nicht symmetrischen Körperstellen chemisch verschieden sind und im allgemeinen einen quantitativ und qualitativ verschiedenen Stoffwechsel besitzen.

In dem oben erwähnten Fall einer seitlichen Beleuchtung sind die beiden Netzhäute ungleich belichtet und die chemischen Reaktionen, beispielsweise die Oxydationen, gehen in der einen Retina rascher vor sich als in der anderen. Dementsprechend treten in dem einen Sehnerv bedeutendere chemische Änderungen ein, als in dem anderen. Diese Verschiedenheit der Reaktionen wird von den sensiblen zu den motorischen Nerven und schließlich zu den von den letzteren innervierten Muskeln fortgeleitet. Die Folge ist, daß die Muskeln der einen Körperhälfte in stärkere Tätigkeit geraten als die der anderen. Durch die ungleiche Tätigkeit der symmetrischen Muskeln beider Körperhälften wird dann natürlich auch eine Änderung in der Fortbewegung des Tieres bedingt.

In dieser Weise erklärt Loeb eine bekannte Lebenserscheinung, den Heliotropismus. Ein typisches Beispiel hierfür bietet das Verhalten der Blattläuse (Aphiden). Hält man mit Blattläusen stark infizierte Pflanzen im Zimmer und läßt diese austrocknen, so verwandeln sich die anfangs ungeflügelten Aphiden in geflügelte, die nach dem erleuchteten Fenster fliegen. „Wenn eine einzige Lichtquelle vorhanden ist und das Licht die Tiere von der Seite trifft, so werden unter den Muskeln, welche die Drehung des Kopfes oder des Körpers besorgen, gerade diejenigen in stärkere Spannung und Tätigkeit geraten, die auf der belichteten Seite des Tieres liegen. Infolgedessen wird der Kopf und damit der ganze Körper des Tieres gegen die Lichtquelle gerichtet. Sobald das geschehen ist, werden die beiden Retinae gleich stark beleuchtet, und die Muskeln in den beiden Körperhälften arbeiten nunmehr gleich stark. Es ist infolgedessen kein Grund mehr vorhanden, daß das Tier in dem einen oder anderen Sinne aus dieser Richtung abweichen sollte. Es wird deshalb automatisch zur Lichtquelle geführt."

Erinnern wir uns, daß man früher lange Zeit hindurch das Fliegen der Insekten nach dem Licht durch einen „Willensakt" der Tiere zu erklären versuchte. Wie man aber jetzt sieht, ist das Insekt dem Licht in gleicher Weise unterworfen, wie ein fallender Stein der Schwerkraft. Freilich darf man diesen Vergleich nur cum grano salis nehmen. Loeb selbst sagt ja „nur ist die Wirkung der Schwerkraft auf die Bewegungsrichtung des fallenden Steins eine direkte, während die Wirkung des Lichtes auf die Bewegungsrichtung der Aphiden eine indirekte ist, insofern als erst vermittelst der Beschleunigung von chemischen Reaktionen das Tier veranlaßt wird, sich in einer bestimmten Richtung zu bewegen."

Zweiter Fall. — Schwerer lassen sich jene Fälle erklären, in denen die Tiere ihre Bewegungsrichtung so lange ändern, bis sie mit der Vertikalen, oder wenigstens einer der Vertikalen am nächsten kommenden Richtung, zusammenfällt. Loeb hat schon vor nunmehr zwölf Jahren sich diese Erscheinung in folgender Weise zu erklären gesucht. In den gegenüber der Schwerkraft empfindlichen Zellen sollen sich zwei Substanzen von ungleichem spezifischen Gewicht befinden, z. B. zwei nicht oder nur schwer mischbare flüssige Stoffe, oder ein fester und ein flüssiger Stoff. Wenn der Tierkörper nun eine zur Schwerkraft schräge Stellung einnimmt, so ist natürlich die gegenseitige Lagerung der beiden Stoffe auf beiden Körperseiten verschieden. Diese Verschiedenheit der gegenseitigen Stellung der Substanzen kann eine Verschiedenheit in der Geschwindigkeit der chemischen Reaktionen bewirken; die Folgen wären dann analog, wie bei seitlicher

Beleuchtung. Man spricht in diesen Fällen von Geotropismus.

Dritter Fall. — Ein nicht oder nur schwach heliotropisches Tier kann künstlich, durch Behandlung mit irgend einer chemischen Substanz, stark heliotropisch gemacht werden.

Ein überraschendes Beispiel für das eben Gesagte finden wir in dem Verhalten der kleinen Süßwasserkopepoden. Bringt man diese Tiere in ein nur von einer Seite her beleuchtetes Aquarium, so kümmert sich die Mehrzahl gar nicht um das Licht. „Das wird mit einem Schlage anders, wenn wir dem Wasser etwas Säure, am besten die leicht in die Zellen diffundierende Kohlensäure zusetzen. Wir tun das, indem wir einige Kubikzentimeter kohlensäurehaltiges Wasser langsam zu je 50 ccm Süßwasser zusetzen. Ist das geschehen, so werden die Tiere in wenigen Minuten alle energisch positiv heliotropisch, bewegen sich so geradlinig, wie es die Unvollkommenheit ihrer Schwimmbewegung erlaubt, zur Lichtquelle und bleiben hier dicht gedrängt an der Lichtseite des Gefäßes sitzen" . . . „Wie bringt nun die Säure diese Wirkung zustande? Wir wollen annehmen," meint Loeb, „daß die Säure als ein Sensibilisator wirkt. Das Licht bewirkt chemische Umsetzungen, z. B. Oxydationen, an der Oberfläche des Tieres, insbesondere des Auges . . . Die Masse der photochemischen Stoffe, welche durch das Licht umgesetzt wird, ist oft relativ klein, so daß auch, wenn das Licht die Krustaceen (Copepoden) nur auf einer Seite trifft, doch der Unterschied des Stoffumsatzes auf beiden Seiten des Körpers zu gering bleibt, um eine für die Drehung des Tieres zur Lichtquelle ausreichende Spannungsverschiedenheit in den

Muskeln beider Körperhälften hervorzurufen. Setzen wir aber eine Säure zu, so könnte die Säure wie ein Katalysator wirken, beispielsweise wie be. der Katalyse von Estern. Bei der Esterkatalyse wirkt nach Stieglitz die Säure nur dadurch, daß sie eine Vermehrung der aktiven Masse des Materials, welches eine Umsetzung erleidet, herbeiführt. Um unsere Ideen vorläufig zu fixieren, wollen wir annehmen, daß die Säure die Tiere dadurch stärker positiv heliotropisch macht, daß sie die aktive Masse der photochemischen Substanz vermehrt. Hierdurch wird es möglich, daß dieselbe Lichtstärke, die vorher keine positive heliotropische Reaktion hervorrief, nunmehr eine sehr ausgesprochene positiv heliotropische Reaktion bedingt, und zwar deshalb, weil nunmehr infolge der Vermehrung der aktiven Masse photosensitiver Substanz bei einer seitlichen Stellung des Tieres gegen die Lichtquelle der Unterschied in der Masse der durch das Licht zersetzten Stoffe auf beiden Seiten des Tieres so groß wird, daß der Unterschied in der Spannung der Muskeln der rechten und linken Körperhälfte ausreicht, um eine automatische Drehung des Kopfes gegen die Lichtquelle herbeizuführen."

Eine Herabsetzung der Temperatur, welche die Zersetzungsgeschwindigkeit der photosensiblen Substanz vermindert, ergibt das gleiche Resultat.

* * *

Die Tropismen werden also „durch die relative Geschwindigkeit von gleichzeitig stattfindenden chemischen Reaktionen in den symmetrischen Oberflächenelementen des Tieres bestimmt". Loeb wies aber noch auf eine zweite Klasse von Erscheinungen hin, die „durch eine rasche Änderung der Geschwindigkeit chemischer Reaktionen in demselben Oberflächenelement bestimmt wird", und die er als „Unterschiedsempfindlichkeit" zusammenfaßt. Das einfachste Beispiel einer solchen zeigen marine Röhrenwürmer, die sich sofort in ihre Röhren zurückziehen, wenn ein Schatten auf sie fällt.

Jetzt präsentiert sich uns eine merkwürdige Erscheinung: nach einer Reihe von Reizungen zieht sich das Tier nicht mehr in seine Röhre zurück, es verliert seine Sensibilität gegenüber dem angewandten Reizmittel.

Jede Reizung hat ganz allgemein eine Veränderung in der Geschwindigkeit bestimmter chemischer Reaktionen zur Folge, die sich auch auf die Nerven, die Ganglionzellen und endlich auf die Muskeln übertragen; diese Veränderung äußert sich schließlich durch das Fehlen besonders aktiver Substanzen im Organismus. Nach jeder Reizung verarmt der Organismus immer stärker an diesen aktiven Substanzen, bis ihre Menge nicht mehr ausreicht, um die betreffende Reaktion auszulösen. Natürlich ist das Fehlen dieser Substanzen an den Stellen am ausgesprochensten, die der Reizquelle am nächsten liegen, also an der Peripherie: es kann dann eine „sensorische" Ermüdung eintreten, ohne daß eine „muskuläre" Ermüdung vorhanden zu sein braucht. Die chemischen Substanzen bedürfen zu ihrer Neubildung einer gewissen Zeit; man muß, wie man im gewöhnlichen Sprachgebrauch sagt, dem Organismus Zeit lassen, sich „auszuruhen".

Ich möchte an dieser Stelle daran erinnern, daß man alle diese Erscheinungen häufig mit Hilfe eines Gedächtnisses der Tiere zu erklären versucht hat. Der physikalisch-chemische Mechanismus des elementaren

Gedächtnisses ist aber sicher ein ganz anderer, denn bei diesem handelt es sich nicht um das momentane Fehlen einer bestimmten aktiven Substanz, die gewöhnlich vom Organismus erzeugt wird, sondern um eine mehr oder weniger dauernde chemische Umwandlung wenigstens einer der aktiven Substanzen.

Die physikalische Chemie läßt uns bei den niederen Tieren drei Hauptklassen von Vorgängen erkennen: die Tropismen, die Unterschiedsempfindlichkeit und das celluläre Gedächtnis.

Man darf von der physikalischen Chemie mit Recht noch wichtige Aufschlüsse inbetreff der Handlungen der niederen Tiere erwarten. Wir stehen ja erst am Anfang der Anwendung dieser Methode; die von Jacques Loeb erzielten Erfolge sind jedenfalls äußerst ermutigend. Weiter unten will ich dann noch meine eigenen, auf diesem Wege erzielten Resultate mitteilen.

II.

Versuche einer tierischen Mechanik.

Eine bestimmte chemische Veränderung des tierischen Körpers kann eine bestimmte Bewegung des Tieres zur Folge haben. Es können auch mehrere Bewegungen gleichzeitig entstehen, die sich dann nach den Gesetzen der Mechanik kombinieren.

Wie aus meinen Arbeiten hervorgeht, sind die durch Tropismen erzeugten Bewegungen nicht mit den durch die Unterschiedsempfindlichkeit bedingten gleich zu setzen, und beide Arten von Bewegungen können sich miteinander kombinieren. Ich habe alles Hierhergehörige in meinem auf dem Kongreß für Psychologie in Genf gehaltenen Vortrage[1] zusammengefaßt, in welchem ich die von Loeb entwickelten physikalisch-chemischen Vorstellungen vervollständigt habe. Hier seien meine diesbezüglichen Ausführungen noch einmal wiederholt:

„Betrachten wir ein symmetrisch gebautes Tier, dessen Fortbewegung durch Muskeltätigkeit vermittelt wird. Diese kann auf zwei Arten erfolgen: entweder sind rechts und links von der Medianebene verschiedene Muskeln tätig, oder auf beiden Körperhälften arbeiten die gleichen Muskeln.“

„Es wäre z. B. möglich, daß die Muskeln der rechten Seite durch ihre rhythmischen Kontraktionen die Bewegungen der Glieder von hinten nach vorne bewerkstelligten, während die Muskeln der linken Körperhälfte eine seitliche Bewegung der betreffenden Glieder veranlaßten. In einem derartigen Falle müßte das Tier eine Rotation um seine eigene Achse ausführen. Es ist dies der ‚Walzerschritt‘ oder ‚die Rotation im Sinne des Uhrzeigers‘ der Autoren. Dieser Fall stellt eine ganz spezielle motorische Koordination zwischen beiden Körperseiten dar.“ Solche Bewegungen werden häufig durch die Unterschiedsempfindlichkeit veranlaßt.

„Wenn die Muskeln zu beiden Seiten der Symmetrieebene gleichmäßig wirken, so ist das auch eine motorische Koordination, nur eine bedeutend einfachere, sie erzeugt keine Drehung, sondern eine geradlinige Fortbewegung. Es kann aber auch der gerade Weg einzelne Krümmungen nach rechts oder links aufweisen, ohne daß wir deshalb gleich das Auftreten einer neuen motorischen Koordination

[1] G. Bohn, „Rapport sur les tropismes“. Genf 1909.

annehmen müßten." Diese Bewegungsform finden wir bei ungleichmäßiger Erregung beider Körperseiten, also bei Tropismen. Im vorigen Kapitel haben wir den physikalisch-chemischen Mechanismus dieser Vorgänge analysiert.

Ein Tier, das Tropismus zeigt, muß sich nach einer Drehung (Reitbahnbewegung) unfehlbar in eine Richtung einstellen, in der beide Körperseiten in gleicher Weise erregt werden. Wir nennen das die stabile Gleichgewichtsstellung.

Demnach kann ein Tier, das sich an irgend einem Platze des Raumes befindet, seine Gleichgewichtsstellung auf zwei verschiedene Arten erreichen: 1. indem es an Ort und Stelle eine bestimmte Wendung ausführt, 2. indem es während seines Ortswechsels eine krumme Linie beschreibt. Die Bewegungen der Unterschiedsempfindlichkeit gehören gewöhnlich zu der ersten Kategorie, die der Tropismen in die zweite.

A. Tropismen.

Ich habe oben weiter die für die echten Tropismen maßgebenden physikalisch-chemischen Gesichtspunkte angegeben. Die Tropismen werden durch eine ungleiche Geschwindigkeit der chemischen Reaktionen auf der rechten und linken Seite der Symmetrieebene erzeugt. Wenn z. B. bei einem wachsenden Pflanzenstengel das Wachstum auf der einen Seite rascher erfolgt als auf der anderen, so krümmt sich der Stengel. Wenn bei einem sich fortbewegenden Tier die Bewegungen der einen Körperseite lebhafter sind als die der anderen, so legt das Tier eine gekrümmte Bahn zurück. Der Tropismus ist die notwendige Folge einer ungleichen Leistung der gleichen zu beiden Seiten der Symmetrieebene des Lebewesens oder des Organs stattfindenden Tätigkeiten — ob diese Tätigkeiten nun einfach oder kompliziert sind, ist dabei ohne Bedeutung.

Es sind also die Betrachtungen über Symmetrie und Asymmetrie, die uns zu dem Begriff der Tropismen geführt haben.

Ich habe für die Tropismen ein doppeltes objektives Kriterium angegeben:

1. Ein Tier wird der Einwirkung einer einzelnen Lichtquelle ausgesetzt; wenn es Tropismus zeigt, so wird es auf die Lichtquelle zugehen, aber das gleiche Verhalten kann auch eintreten, wenn es keinen Tropismus zeigt, z. B. wenn ein Mensch in der Dunkelheit auf ein beleuchtetes Haus zugeht. Wenn wir uns nachts in einem Walde verirrt hätten und nun in verschiedenen Richtungen zwei Lichter erblickten, so würden wir — vielleicht nach kurzem Zaudern — auf die eine oder die andere Lichtquelle zugehen. Wir würden uns bei unserer Wahl durch verschiedene Überlegungen leiten lassen (je nachdem welches Licht stärker leuchtet, oder welches leichter erreichbar scheint, usw.). Ein niederes Tier verhält sich ganz anders: wird es zwischen zwei Lichtquellen gestellt, so bewegt es sich nicht auf eine von beiden zu, sondern orientiert sich in einer mittleren Richtung, nämlich derart, daß seine beiden Körperseiten gleichmäßig erleuchtet werden. Nur in diesem letzteren Falle haben wir einen Tropismus.

Dieses Kriterium habe ich bei der Untersuchung einiger Mollusken, z. B. der marinen Litorinen, und mancher Seesterne verwerten können.

2. Ein Tier bewege sich auf ein bestimmtes Ziel A los. Wenn man jetzt die Symmetrie der Aufnahme — oder Zuleitungsorgane zerstört (z. B. durch Schwärzung des einen Auges, oder durch Zerschneidung der Nervenbahnen, welche das eine Auge mit den Muskeln verbindet), dann können zwei Fälle eintreten: entweder wird das Tier weiter von A angezogen — dann können wir diese Bewegung nicht durch einen Tropismus erklären; oder das Tier führt eine Drehung, eine Reitbahnbewegung aus — es reagiert also auf die ungleiche Reizung der beiden Körperhälften, in diesem Falle haben wir es mit einem Tropismus zu tun.

Diese beiden Kriterien erscheinen mir unbedingt notwendig, weil man das Wort „Tropismus" schon in den verschiedensten Bedeutungen angewandt hat. Wir müssen sie wohl im Gedächtnis behalten, da wir später bei der Analyse der Instinkte danach forschen werden, ob sich bestimmte Elemente derselben nicht aus Tropismen zusammensetzen. Je höher wir in der tierischen Stufenleiter fortschreiten, um so vollständiger werden nämlich die Tropismen durch kompliziertere Tätigkeiten, welche aus dem „assoziativen Gedächtnis" hervorgehen, überdeckt.

Bei den Tropismen dreht sich das Tier gewissermaßen automatisch, bis es seine Gleichgewichtsstellung, wie wir das bereits besprochen haben, erreicht. Wirken mehrere Tropismen zusammen, so kombinieren sie sich nach den Gesetzen der Mechanik. Das Tier verfolgt dabei einen Weg, den man — wenn man den augenblicklichen chemischen Verhältnissen des Körpers Rechnung trägt — im voraus bestimmen kann. Man behauptet häufig, daß die Bewegung eine zwangsmäßige, unwiderstehliche ist, doch darf man nicht vergessen, daß der Tropismus gestört werden kann, und daß wir diese Störungen um so mehr zu erwarten haben, je schwächer der Tropismus ist, oder mit anderen Worten, je weniger ausgesprochen die durch ungleiche Reizung beider Körperhälften bedingte chemische Asymmetrie ist.

B. Unterschiedsempfindlichkeit.

Der Begriff der Unterschiedsempfindlichkeit wurde von Jacques Loeb und mir in die Tierpsychologie eingeführt und bei der Analyse zahlreicher, bereits früher bekannter Tatsachen verwertet. Es ist das Verdienst Loebs, die Unterschiedsempfindlichkeit streng von den Tropismen unterschieden zu haben, denn in dieser Hinsicht herrschte vorher die bedauerlichste Begriffsverwirrung. Ich habe ausgiebigen Gebrauch von diesem Begriff gemacht, speziell versuchte ich die der Unterschiedsempfindlichkeit zugrunde liegenden Gesetze aufzufinden. Dadurch wurde ich in den Stand gesetzt, die Analyse der tierischen Handlungen sehr weit durchzuführen. In meinem bereits zitierten Buche „Die Entstehung des Denkvermögens"[1] habe ich mich bemüht, die Wichtigkeit dieses neuen Begriffes, den man vor wenigen Jahren noch kaum kannte, darzutun.

Die Organismen vermögen sich in zahlreichen Fällen durch ganz einfache Bewegungen den Veränderungen der äußeren Kräfte zu entziehen, und diese Bewegungen sind, wie aus den neuesten Arbeiten hervorgeht, nur eine Folge der Gesetze des chemischen Gleichgewichts.

Einige Beispiele für Unterschiedsempfindlichkeit sollen das erläutern.

---

[1] Verlag von Th. Thomas, Leipzig 1911.

1. Unterschiedsempfindlichkeit gegenüber dem Licht. — Ein positiv heliotropisches Tier, das an die Grenze von Licht und Schatten gelangt, kann, je nach dem Anteil der bei diesem Vorgang beteiligten chemischen Prozesse, in verschiedener Weise reagieren. Es kann die Grenze überschreiten. Es kann an der Grenze stehen bleiben. Es kann zurückweichen. Meistens versucht das Tier eine Drehung von 180 Grad um seine eigene Achse, so daß es sich vollständig umkehrt und sich wenigstens eine Zeitlang in einer der Anfangsrichtung entgegengesetzten Richtung fortbewegt. Der Versuch kann in verschiedenem Grade von Erfolg begleitet sein: es kann beispielsweise nur eine kurzdauernde Abweichung von dem vom Tropismus vorgeschriebenen Wege stattfinden, nach einigen Hin- und Herschwankungen nimmt das Tier seinen ursprünglichen Kurs wieder auf. Kurz, die Beleuchtungsänderung löst einen Rotationsimpuls aus, der je nach der Intensität der Veränderung und der Schnelligkeit, mit der sie vor sich geht, stärker oder schwächer ist.

2. Unterschiedsempfindlichkeit gegenüber der Schwerkraft. — Wenn sich ein Tier auf einer schiefen Ebene aufwärts bewegt und man dabei plötzlich die Neigung dieser Ebene ändert, so dreht es sich meistens um 180 Grad und läuft nach abwärts.

Ich habe folgenden merkwürdigen Fall beobachtet. Ein Seestern befindet sich in einem Zylinder, dessen Längsachse horizontal gestellt ist. Das Tier hat sich mit seinen Füßchen an der nach oben gerichteten Glaswand festgeheftet. Nun dreht man den Zylinder plötzlich um 180 Grad, so daß die Füßchen des Tieres nach unten sehen. Jetzt tritt das Sonderbare ein: das Tier löst seine Füßchen vom Glase und dreht sich herum, um seine ursprüngliche

Orientierung wieder zu erreichen. Der ganze Vorgang spielt sich in wenigen Augenblicken ab.

3. Unterschiedsempfindlichkeit gegenüber den Oberflächen fester Körper (der alte Stereotropismus der Autoren).

4. Unterschiedsempfindlichkeit gegenüber chemischen Substanzen (der alte Chemotropismus). — Wenn wir einen Tropfen Salzsäure in Wasser tun, so sammeln sich die in dem Wasser befindlichen Infusorien in einem dichten Ring um die Säure an. So wie die Tiere an die Grenze von reinem und angesäuertem Wasser gelangen, bleiben sie stehen, oder weichen zurück, wie dies viele Tiere an der Grenze von Licht und Schatten tun.

Die Unterschiedsempfindlichkeit äußert sich, wie dies besonders aus den Beobachtungen von Jennings hervorgeht, in der Ansammlung der Tiere an bestimmten Stellen, die wie Fallen wirken. Tiere, die leicht in den Schatten eintreten, aber schwer wieder herauskommen, bleiben natürlich in dem Schatten sitzen. Die Bewegungen der Unterschiedsempfindlichkeit vollziehen sich gewissermaßen automatisch, sie machen einen zwangsmäßigen Eindruck.

C. Kombination zwischen Tropismen und Unterschiedsempfindlichkeit.

Besonders eingehend habe ich mich mit Kombinationen zwischen Tropismen und Unterschiedsempfindlichkeit beschäftigt. So halte ich z. B. Bewegungen, die Jennings als „zufällige" ansieht, für die Resultanten bestimmter Bewegungen, die man unter bestimmten Bedingungen voraussagen kann. Dieses Ergebnis konnte ich dadurch gewinnen, daß ich bereits vorher einige Gesetze der Unterschiedsempfindlichkeit aufgefunden hatte, u. a. gewisse Beziehungen zwischen Unterschiedsempfindlichkeit und Tropismen, von denen ich nachstehend einige anführen will.

1. Wenn ein Tier positiven Tropismus zeigt, so reagiert es nur auf eine negative Veränderung des Reizes, besitzt das Tier negativen Tropismus, so tritt das Umgekehrte ein.

2. In der Regel kann das Tier gleichzeitig auf zwei Arten auf einen Reiz reagieren, es kann sowohl zurückweichen als auch eine Drehung ausführen, bald überwiegt dabei die eine, bald die andere Reaktionsweise. Die Rotationen überwiegen unter folgenden Bedingungen: a) wenn sich die Achse des Tieres von der Senkrechten der Richtung der Tropismen nähert, b) wenn das Nervensystem einseitig gereizt wird, c) wenn der Organismus rasch aufeinanderfolgenden Reizen ausgesetzt wird.

Meine Beobachtungen erstreckten sich vornehmlich auf Seesterne.

Junge, sehr aktive Seesterne gehen in der Regel direkt auf das Licht oder den Schatten zu, je nachdem sie positiv oder negativ heliotropisch sind; wird das Tier von zwei Reizquellen erregt, so schlägt es eine mittlere Richtung ein. Die Orientierung erfolgt also direkt; das Tier vermag der Anziehung nicht zu widerstehen und die Anziehungen kombinieren sich nach den Gesetzen der Mechanik. Hier äußert sich also zweifellos Tropismus im Sinne Loebs.

Ältere Seesterne hingegen zeigen ein ganz anderes Verhalten; sie wenden sich nicht unmittelbar ihrem Endziele, dem Schatten, zu, die Orientierung erfolgt bei ihnen nicht mehr direkt.

Ich habe diese Vorgänge in einer ausführlichen Arbeit[1] erörtert. Das Tier bewegt sich anfänglich zufolge des ursprünglichen Antriebes in irgend einer Richtung. Alsbald nähert es sich dem Schatten, dann entfernt es sich wieder von ihm, dreht sich um seine eigene Achse und wechselt den vorangehenden Arm. Dieses Spiel kann eine ganze Weile dauern. Die Anziehung des Schattens kombiniert sich in diesem Fall mit den durch die Beleuchtungsänderungen bedingten Oszillationen. Oft wendet sich der Seestern erst nach allen Richtungen des Raumes, ehe er sich in die Richtung des Schattens orientiert. Das Tier wird gewissermaßen durch drei sich kombinierende Antriebe in eine Richtung gezwungen: 1. den initialen Antrieb, der aus dem unmittelbar vorhergehenden Zustand resultiert, 2. den Antrieb zum Schatten hin (Tropismus) und 3. den Antrieb zur Drehung (Unterschiedsempfindlichkeit). Die Stärke der einzelnen Antriebe variiert je nach den Beleuchtungskontrasten, dem physiologischen Zustand des Tieres und dem individuellen Koeffizienten. Wenn man die beiden letzteren Faktoren in Rechnung zieht, so läßt sich die Intensität der einzelnen Antriebe ungefähr schätzen und der Weg, der unter den bestimmten Bedingungen von dem Tiere zurückgelegt wird, annähernd bestimmen: man kann also voraussagen, was geschehen wird. Der Seestern erscheint außerstande, seinen Weg zu ändern, er wandelt ihn mit fast mathematischer Genauigkeit. Offenbar würde aber die Einführung neuer Variablen genügen, um den Weg zu modifizieren.

---

[1] Bohn, „Les essais et les erreurs chez les étoiles de mer". Institut psychologique. 1907.

Auch noch in anderen Versuchen zeigte sich mir das Tier stets als Sklave dieser verschiedenen Antriebe.

III.

Einführung ethologischer Gesichtspunkte in die Psychologie.

Tierpsychologische Arbeiten erfordern neben gründlicher Kenntnis der physikalischen Chemie und der Mechanik, sorgfältige und langdauernde Beobachtungen der Beziehungen der einzelnen Lebewesen zueinander und zu den wechselnden Bedingungen der Außenwelt, d. h. auch ethologisch-biologische Kenntnisse. Dies hat bereits Giard, ein Biologe, im besten Sinne des Wortes, klar erkannt, und ihm ist es zu danken, daß in Frankreich die Tierpsychologie diesen Weg einschlug.

Wir dürfen nie vergessen, daß die Natur mit ihren wechselvollen Bedingungen ein reiches Erfahrungsfeld bietet, auf dem wir den relativen Wert der an einem Vorgang beteiligten Faktoren erkennen lernen können.

Beobachtet man die Tiere in ihren verschiedenen Wohngebieten, so ist man ganz betroffen über die „Variabilität der Reaktionen". Individuen der gleichen Spezies, aber von verschiedenen Wohngebieten, verhalten sich oft ganz verschieden; ebenfalls verhält sich das gleiche Tier zu verschiedenen Zeiten, bei gleicher Behandlung, je nach seinem Tätigkeitszustand, oft ganz verschieden.

Diese Variabilität galt lange Zeit als Äußerung einer psychischen Fähigkeit. Heute unterscheidet man auf Grund der physikalisch-chemischen Arbeiten eine dreifache Variabilität:[1] 1. eine Variabilität organischen,

[1] G. Bohn, „Die Entstehung des Denkvermögens".

chemischen Ursprungs, 2. eine Variabilität peripheren, rezeptorischen, sensorischen Ursprungs, 3. eine Variabilität zentralen, assoziativen, psychischen Ursprungs. Die allgemeinen chemischen Reaktionen des Organismus müssen stets berücksichtigt werden, doch ist auch der Ort, an dem sich die Reaktionen abspielen, von Bedeutung.

Mag man also von ethologischen oder von physikalisch-chemischen Gesichtspunkten ausgehen, stets gelangt man zur Annahme der „inneren chemischen Zustände", der „physiologischen Zustände". Die große Bedeutung dieser Zustände läßt sich nicht leugnen. Zahlreiche Arbeiten versuchen denn auch bereits den Einfluß dieser Zustände auf das Verhalten und die Reaktionsweise der Tiere zu ergründen.

Zunächst möchte ich hier versuchen, eine wenigstens annähernde Einteilung der physiologischen Zustände zu geben — ein Versuch, der meines Wissens noch nicht gemacht worden ist.

Die inneren chemischen Zustände, oder „physiologischen Zustände" können sowohl durch die Tätigkeit des Tieres selbst (Ernährung, Fortpflanzung, Fortbewegung) als auch durch die Umgebung (chemische, physikalische, mechanische Bedingungen) modifiziert werden. Daraus folgt, daß die physiologischen Zustände, und folglich auch die Reaktionen, einerseits abhängig sind von der Lebensweise und den Individuen selbst, andererseits von den verschiedenen Wohngebieten.

1. Physiologische Zustände, die von der Tätigkeit des Tieres abhängen. — 1) Ernährung. — Die Reaktionen der niederen Tiere sind von ihrem Ernährungszustand abhängig — dabei verstehe ich unter Reaktionen nicht bloß das Verhalten gegenüber dem

Futter, sondern auch gegenüber verschiedenen äußeren Kräften (z. B. dem Licht). Ich erinnere hier nur an das bekannte Verhalten der Aktinien. Ein anderes klassisch gewordenes Beispiel, das von Loeb untersucht wurde, betrifft höher organisierte Tiere, nämlich die Raupen von Porthesia chrysorrhoea. Wir lassen Loeb selbst sprechen. „Die Raupen schlüpfen im Herbst aus den Eiern und überwintern als junge Räupchen in einem Nest. Die höhere Temperatur im Frühjahr treibt sie aus dem Nest, und man kann sie auch im Winter heraustreiben, wenn man die Temperatur erhöht. Wenn sie in diesem Zustand aus dem Nest getrieben werden, sind sie energisch positiv heliotropisch, und ich habe in der Natur nie Tiere gefunden, deren heliotropische Empfindlichkeit größer gewesen wäre, als diejenige der Raupen von Chrysorrhoea unter diesen Bedingungen ist. Haben die Tiere aber einmal gefressen, so verschwindet der positive Heliotropismus und er kommt auch dann nicht wieder zurück, wenn man sie wieder hungern läßt. Hier ist es deutlich, daß die Stoffwechselvorgänge, welche sich an die Nahrungsaufnahme anschließen, direkt oder indirekt zur dauernden Hemmung oder Aufhebung der photochemischen Reaktionen führen, welche vorher im Tiere möglich waren.“

2) Fortpflanzung. — Bisher hat man den Einfluß der Fortpflanzungstätigkeit auf die Reaktionen der niederen Tiere noch wenig untersucht, doch hat man beispielsweise doch gefunden, daß in Teilung begriffene Aktinien, oder solche, die in ihrem Körper Larven beherbergen, sich anders verhalten als in der Norm. Auch für diesen Fall möchte ich noch ein Beispiel aus dem Insektenreich anführen. Bei den Ameisen und Bienen scheint der positive Heliotropismus durch Geschlechts-

drüsenprodukte bedingt zu sein. „Während die Arbeiterinnen der Ameisen keine heliotropischen Reaktionen zeigen, entwickelt sich bei den Männchen und Weibchen der Ameisen zur Zeit der Geschlechtsreife ein deutlicher positiver Heliotropismus, der an Intensität immer mehr zunimmt. Es werden also Stoffe gebildet, welche die heliotropische Empfindlichkeit steigern und deren Menge mit der zunehmenden Geschlechtsreife zunimmt. Nach Kellogg scheint Ähnliches bei den Bienen der Fall zu sein. Der Umstand, daß bei der Geschlechtsreife besondere Stoffe gebildet werden, die verschiedene Organe beeinflussen, ist wohl bekannt. So hat Leo Loeb gefunden, daß die beim Platzen eines Eifollikels frei werdenden Stoffe auch dem nichtschwangeren Uterus eine besondere Empfindlichkeit verleihen, so daß jeder mechanische Reiz denselben zwingt, eine Decidua zu bilden. Er konnte so die Bildung beliebig vieler Deciduen im nichtschwangeren Uterus hervorrufen, während ohne den Follikelstoff der Uterus nicht in dieser Weise reagiert.“ (Loeb.)

Der Vergleich zwischen einem Uterus und einem Sinnesorgan mag manchem etwas kühn erscheinen. Wir haben uns eben schon allzusehr daran gewöhnt, eine scharfe Trennung zwischen der psychischen und der übrigen Lebenstätigkeit anzunehmen.

In den angeführten Beispielen zeigt Loeb den Chemismus einzelner Entwicklungsstadien der Organismen. Die durch Bewegungen hervorgerufenen Änderungen der chemischen Konstitution des Tierkörpers, die wir jetzt besprechen wollen, sind in der Regel nur kurzdauernde, momentane.

3) Lokomotion. — Diese Tätigkeit hat entweder chemische Veränderungen des Körperinneren, oder

direkte Veränderungen in den tätigen Zellen selbst zur Folge.

Erster Fall. — Während die Muskeln in Tätigkeit sind, gelangen gewisse sensibilisierende Substanzen, z. B. die Kohlensäure, in das Blut (s. Kap. 1).

Zweiter Fall. — Die Tätigkeit kann gefolgt sein: a) von einer Größenveränderung der Elemente, b) von einer Lageveränderung, c) von einer Änderung des Ruhe- oder Tätigkeitszustandes, wie ich das in meinen neuen Arbeiten gezeigt habe.

a) Manche Korallenpolypen, z. B. die Meerspulen und die Seefedern, zeigen sehr beträchtliche Schwankungen ihres Körpervolumens, bald schrumpfen sie ganz zusammen, bald quellen sie durch Wasseraufnahme wieder auf. Ich fand nun, daß alle Körperstellen in ihrem maximalen Turgeszenzzustand eine erhöhte Sensibilität aufweisen, speziell gegenüber mechanischen Reizen und der Schwerkraft (Geotropismus). Diese erhöhte Sensibilität verliert sich aber bald und macht schließlich einer oft völligen Unempfindlichkeit Platz.

Ich erkläre die Sensibilisierung und die ihr folgende Entsensibilisierung durch physikalisch-chemische Vorgänge. In Übereinstimmung mit Loeb nehme ich dabei an, daß die Sensibilität eine Funktion der Geschwindigkeit des Ablaufs der chemischen Reaktionen, die sich in den peripheren Zellen abspielen, ist. Wenn sich eine Zelle beispielsweise ausdehnt, so geht der Austausch zwischen Zelle und Umgebung leichter vonstatten, die Geschwindigkeit der Reaktionen und damit die Sensibilität nehmen zu. Dadurch wird aber der Verbrauch der aktivsten Substanzen gesteigert, der Organismus verarmt an diesen Substanzen und die chemischen Reaktionen werden verlangsamt, was dann mit einer Abnahme der Sensibilität verbunden ist.

b) Auf den Felsen der Meeresküste leben kleine Mollusken, die Litorinen, deren Leben einem periodischen Wechsel von Austrocknung und Wasseranreicherung unterworfen ist. Auf Zeiten verlangsamten Lebens folgen in regelmäßigen Intervallen Zeiten besonders aktiven Lebens. Die Sensibilität verändert sich entsprechend der vitalen Periodizität: wenn die Tiere nach der Austrocknung wieder vom Wasser umspült werden, so werden die chemischen Reaktionen in der Retina durch die Wasseranreicherung beschleunigt und das Tier zeigt eine erhöhte Empfindlichkeit gegenüber dem Licht. Mit der Zeit verlangsamen sich die chemischen Reaktionen wieder, die Sensibilität nimmt ab, ja das Vorzeichen des Tropismus kann sogar wechseln. Wir erzielen die gleichen Wirkungen, wenn wir das Tier zwingen, mit dem Kopfe nach abwärts zu kriechen.

Ohne Kenntnis der physikalisch-chemischen Vorgänge bliebe diese letzte Tatsache ein Rätsel. Wenn man aber annimmt, daß in den Retinazellen eine bestimmte aktive Substanz vorhanden ist, deren spezifisches Gewicht nicht mit dem des Protoplasmas übereinstimmt, so nimmt diese Substanz natürlich eine Lagerung ein, die von der jeweiligen, aufwärts oder abwärts gerichteten Stellung des Tieres abhängt. Daraus ergibt sich notwendig eine Verschiedenheit im zeitlichen Ablauf der chemischen Reaktionen und ein Wechsel im Vorzeichen der Reaktion. Diese Erklärung entspricht der für die Erscheinungen des Geotropismus gegebenen (siehe weiter oben, Kapitel 1).

c) Nach einer längeren Ruheperiode werden manche Tiere, z. B. der Branchellion, ein auf Rochen schmarotzender Egel, ziemlich unempfindlich, aber durch Stöße oder Erschütterungen nimmt seine Sensibilität sogleich zu, um erst allmählich wieder abzuklingen.

Dieser Vorgang ist weiter nicht verwunderlich, da wir wissen, daß die Durchmischung und Vermengung des Zellinhalts die Geschwindigkeit der Reaktionen, speziell der Oxydationen steigert.

2. Physiologische Zustände, die von der Lebensweise und der individuellen Anlage abhängen. — Aus den im vorigen Paragraphen angeführten Fällen folgt notwendig, daß die physiologischen Zustände von der Lebensweise und der speziellen Anlage jedes Individuums abhängig sind.

So kann eine Reaktion von dem Gehalt des Organismus an bestimmten, besonders aktiven Stoffen abhängen. Manche Individuen ersetzen Verluste dieser Substanzen leichter und rascher als andere. Oft genug vermag der allgemeine chemische Zustand eines Organismus individuelle Unterschiede ausreichend zu erklären, die man früher auf psychische Ursachen zurückführen zu müssen glaubte.

3. Physiologische Zustände, die direkt von der äußeren Umgebung abhängen. — Durch zeitweise oder dauernde Veränderung der chemischen, physikalischen oder mechanischen Verhältnisse der Außenwelt werden die physiologischen Zustände eines Organismus ebenfalls beeinflußt.

1) Dauernde Veränderungen der äußeren Bedingungen. — Derartige Veränderungen können eine kürzer oder länger dauernde Steigerung der Sensibilität bewirken. Man kann mit Loeb drei Arten von Sensibilisatoren oder Entsensibilisatoren unterscheiden, nämlich a) chemische, b) physikalische, c) mechanische.

In neuerer Zeit haben diese Sensibilisatoren große Bedeutung erlangt.

a) Wie wir bereits hörten (S. 12) ist die Kohlensäure (CO_2) der Sensibilisator katexochen. Bei allen Sensibilisierungs- und Entsensibilisierungsvorgängen muß man in erster Linie den jeweiligen Wassergehalt des Organismus berücksichtigen. Bereits in meinem früheren Buche (Die Entstehung des Denkvermögens, S. 87) habe ich auf die Bedeutung dieses Faktors in einem besonderen Kapitel hingewiesen. Ich folgte dabei den so überaus fruchtbaren Ideen Giards, und gab eine Übersicht über die wichtigsten biologischen Vorgänge, bei denen Wasseranreicherung oder Wasserentziehung eine entscheidende Rolle spielen; die Verlangsamung der Lebenstätigkeiten, die künstliche Parthenogenese, das Treiben der Pflanzen und die Änderung des Vorzeichens der Tropismen. Wie ich noch hinzufügen möchte, wirkt die Kohlensäure wasserentziehend.

b) Intensive Beleuchtung, die momentan eine hochgradige Steigerung der Oxydationen bewirkt, führt in der Regel sehr schnell zu einer Unempfindlichkeit gegen Licht, ja sogar zu einer Ermüdung des ganzen Körpers.

c) Endlich gibt es noch mechanische Sensibilisatoren. Wir hörten bereits, daß durch die Durchmischung des Zellinhalts der peripheren Zellen nach Erschütterungen die Sensibilität wächst. Auch leichte Druckschwankungen sind nach meinen Befunden von gleichem Erfolge begleitet. Besonders W. Ostwald[1] verdanken wir wichtige Arbeiten über die Bedeutung der „inneren Reibung“ und der

---

[1] W. Ostwald, „Zur Theorie der Richtungsbewegungen niederer schwimmender Organismen, Arch. f. d. gesam. Physiol. 1907 und 1908.

mechanischen Sensibilisatoren. Unsere kleinen Süßwasserdaphniden sind entweder negativ heliotropisch oder zeigen überhaupt keinen Heliotropismus. Durch Steigerung der Viskosität des Mediums mittels Zusatzes von Gelatine (gleichgültig ob die Gelatine sauer oder alkalisch reagiert) oder Leim gelang es Ostwald, die Tiere stark positiv heliotropisch zu machen. Gleichzeitig nimmt auch die Unterschiedsempfindlichkeit gegenüber Schatten zu.

2) Kurzdauernde Änderungen der äußeren Bedingungen. — Zu diesen gehören die häufigsten Reize. Nach jeder Reizung erscheint der chemische Zustand des Organismus verändert, er ist an bestimmten aktiven Stoffen verarmt. Folgen die Reize sehr schnell aufeinander, so nimmt diese Verarmung weiter zu, bis der Organismus einen Zustand erreicht, in dem er überhaupt nicht mehr reagiert. Diese allbekannte Tatsache nennt man Gewöhnung an den Reiz; sie läßt sich vielleicht durch eine Art peripherer Ermüdung erklären (Kap. 1, S. 14). In der Tat bereichert sich der Organismus, wenn wir eine Zeitlang mit der Reizung aussetzen, wieder mit den betreffenden Substanzen und erlangt dadurch seine anfängliche Sensibilität.

4. Physiologische Zustände, die durch den Wohnort bedingt sind. — Nach allem bisher Gesagten ist es ohne weiteres klar, daß die physiologischen Zustände mit den Wohngebieten wechseln müssen. Dies konnte ich sowohl an Anneliden (1902), Litorinen (1904), Aktinien (1906) und Seesternen (1907) nachweisen.

In vielen Wohngebieten bleiben sich die wesentlichen Verhältnisse stets gleich, während sie in anderen periodischen Veränderungen, z. B. dem Wechsel von Ebbe und Flut, unterliegen. Dementsprechend zeigen die in den letzteren Wohngebieten lebenden Tiere charakteristische Lebensrhythmen: Rhythmus der Gezeiten und Rhythmus von Tag und Nacht. Auf die allgemeine Bedeutung dieser Rhythmen habe ich schon an einer anderen Stelle hingewiesen und dort auch gleichzeitig zahlreiche Beispiele angeführt.

Rhythmus der Gezeiten. — Das klassisch gewordene Beispiel für diesen Rhythmus bieten die Convoluten. Wenn sich das Meer bei Ebbe von dem Strande der Bretagne zurückzieht, erscheinen auf dem Lande ausgedehnte grüne Flecke, die allmählich dunkler werden und deren Gestalt ständig wechselt. Diese Flecken werden von Massen zahlloser kleiner Strudelwürmer, den Convoluten, gebildet. Die grüne Färbung dieser Tiere rührt von den in ihren Geweben enthaltenen chlorophyllführenden Algen her. Sobald Flut eintritt, vergraben sich die Tiere im Sande, um dem Anprall der Wogen zu entfliehen und steigen erst bei Ebbe wieder an die Oberfläche. Die Convoluten steigen also synchron mit den Bewegungen der Ebbe und Flut, nur im umgekehrten Sinne. Diese rhythmischen Bewegungen dauern auch im Aquarium an, obwohl die Tiere hier doch vollkommen dem Einflusse der Meeresbewegungen entzogen sind; in einer mit feuchtem Sand gefüllten Glasröhre, in der die Convoluten eingeschlossen sind, steigt der grüne Ring auf und nieder und erreicht bei Ebbe seinen höchsten, bei Flut seinen tiefsten Stand. Was aber noch merkwürdiger ist: die Convoluten folgen im Aquarium sogar den Unregelmäßigkeiten der Gezeiten: während der Nippflut sind ihre Bewegungen verlangsamt, während der Springflut dagegen lebhafter. Das dauert sogar noch mehrere Tage nach ihrer Gefangenschaft im Aquarium an.

Die Bewegungen der Convoluten sind bedingt durch einen periodischen Wechsel im Vorzeichen des Geotropismus: das Tier wird abwechselnd von der Erde angezogen und abgestoßen. Andere Tiere, wie die Litorinen, werden abwechselnd vom Schatten angezogen und wieder abgestoßen; sie wechseln mit anderen Worten periodisch das Vorzeichen des Phototropismus. Die Dauer der rhythmischen Schwankungen beträgt ungefähr 13 Stunden, außerdem zeigen diese Mollusken aber noch eine vierzehntägige Periodizität, die der Aufeinanderfolge von Springflut und Nippflut entspricht.

Nach meiner Auffassung bildet bei diesen Vorgängen der wechselnde Wassergehalt der Gewebe einen ausschlaggebenden Faktor. Zur Ebbe und während der Nippflut trocknen die Gewebe der Tiere der Meeresküste mehr oder minder stark aus, und entsprechend verlangsamen sich die chemischen Umsetzungen in den Zellen; ja zuweilen verfällt der Organismus direkt in einen Erstarrungszustand, den Giard unter dem Namen Anhydrobiose beschrieben hat. Bei eintretender Flut und bei Springflut füllen sich die Gewebe von neuem mit Wasser und die chemischen Reaktionen verlaufen — wenigstens anfangs — rascher.

Es gibt jedoch auch Gezeitenrhythmen, auf die die wechselnde Austrocknung und Befeuchtung scheinbar keinen Einfluß hat. So fand Anna Drzewina[1] bei den Einsiedlerkrebsen eine vierzehntägige Periodizität, die sich durch einen Wechsel im Vorzeichen des Phototropis-

[1] A. Drzewina, „Les variations périodiques du signe du phototropisme chez les pagures misanthropes". Académie des sciences. 1907.

mus äußert, obwohl die Tiere stets unter Wasser bleiben. In Arcachon sind die Krebse zur Zeit der Springflut von 12 Uhr mittags bis 6 Uhr abends von einer mächtigen Wasserschicht bedeckt, während der Nippflut hingegen ist die Wasserdecke ziemlich dünn. Diese Wasserdecke beschirmt die Tiere, die auf dem Meeresboden leben, vor den sengenden Strahlen der Mittagssonne. So erklärt es sich, daß die Paguren bei Nippflut unter den Felsen Schutz suchen, während sie bei Springflut munter auf dem Meeresboden umherkriechen. Bringt man diese Tiere in ein Wasserbecken, dessen eine Hälfte durch ein schwarzes Tuch verdunkelt ist, dann halten sie sich bald in der hellen, bald in der verdunkelten Hälfte des Beckens auf, und zwar gingen sie während der Springflut ins Helle (positiver Phototropismus) und zur Zeit der Nippflut ins Dunkele (negativer Phototropismus). Wir haben hier einen durch äußere Bedingungen erworbenen Rhythmus, der auch im Aquarium andauert. Besonders beweisend spricht dafür der Umstand, daß Krebse aus dem Mittelmeer, wo der Gezeitenrhythmus fehlt, diese Änderungen des Phototropismus nicht aufweisen: sie sind stets positiv phototropisch.[1]

Nycthemerale Rhythmen. — Gewöhnlich überlagern diese Rhythmen die Gezeitenrhythmen. Im Mittelmeer jedoch kann man sie in voller Reinheit beobachten. Manche Aktinien schließen sich beispielsweise bei Tage und öffnen sich nur nachts; dieser Rhythmus hält auch in völliger Dunkelheit mehrere Tage lang an.

Wie wir wissen, vermag man durch den Zusatz bestimmter Substanzen zu dem umgebenden Medium das

---

[1] A. Drzewina, „Contribution à la biologie des pagures misanthropes". Archives de zoologie expérimentale 1910.

Vorzeichen des Phototropismus umzukehren, durch die gleichen Substanzen läßt sich nun auch der Rhythmus umkehren.

Viele Organismen und zahlreiche Organe weisen eine oder mehrere vitale Periodizitäten auf. Nachdem sie eine Weile funktioniert haben, müssen alle unsere Organe wieder ausruhen, sie sind ermüdet. Den Ärzten ist die funktionelle Periodizität der Nierentätigkeit wohl bekannt: gegen 9 Uhr abends hört die Nierensekretion fast völlig auf und erreicht in den ersten Tagesstunden ihre maximale Arbeitsleistung, das hält auch an, wenn man seine gewohnte Lebensweise vorübergehend ändert. In diesen periodischen Schwankungen der Urinsekretion hat nun noch kein Mensch einen psychischen Vorgang vermutet. Ebensowenig brauchen wir bei dem periodischen Wechsel der tierischen Reaktionen unter dem Einfluß von Ebbe und Flut oder von Tag und Nacht die Mitwirkung psychischer Momente anzunehmen. Die Versuchung liegt nahe, von „Gedächtnis" zu sprechen, aber dieses Wort sagt durchaus nicht mehr als der Ausdruck Lebensrhythmen und ist nur geeignet die größte Verwirrung zu stiften, da „Gedächtnis" bereits ein in den verschiedensten Bedeutungen gebrauchtes Wort ist.

IV.

Ein Versuch, die Selektion und die Finalität aus der Psychologie auszuschalten.

Da die Lebensweise und die Wohnstätten der Tiere einen so weitgehenden Einfluß auf ihre Reaktionsweise ausüben, drängt sich die Frage auf, ob sich auch bei den niedersten Tieren Gewohnheiten ausbilden können und auf welche Weise dies wohl geschieht.

Können die niederen Tiere lernen? Bevor wir auf diese Frage näher eingehen, wollen wir uns mit Margarete Washburn erst darüber einigen, was man unter „lernen" zu verstehen hat. „Lernen" ist ein sehr vieldeutiges Wort. Bekanntlich gibt das Holz einer viel gespielten Violine eine bessere Resonanz als das einer neuen; im Laufe der Zeit haben sich die Moleküle des Holzes in einer für die Resonanz besonders vorteilhaften Weise angeordnet. Dieser Vorgang birgt sicherlich kein psychisches Moment. Die Muskeln der Arbeiter eines Hüttenwerkes verändern sich allmählich, sie werden zu ihrer Arbeit, dem Eisenhämmern, geeigneter, sie „lernen", — aber lernen hat hier einen ganz anderen Sinn, als wenn sich z. B. ein Lehrling rasch in seinen neuen Beruf einarbeitet. . . . Die niederen Tiere können in der Tat auf die verschiedenste Weise lernen: die Gelehrigkeit und Lernfähigkeit ist eben eine charakteristische Eigenschaft des Protoplasmas. Bei einem vielzelligen Tier können die Muskeln, die sensiblen Endorgane, das Zentralnervensystem lernen, und da das letztere eines der sensibelsten Teile des Organismus ist, so geht seine Erziehung weit rascher vonstatten als die der Muskeln oder der übrigen organischen Substanzen. Die höheren Tiere können aber auch noch auf eine andere Weise lernen, nämlich außer durch Assoziation durch Nachahmung und Überlegung.

Daß die niederen Tiere lernen, scheint uns also ganz sicher, aber wir müssen in jedem einzelnen Falle nach dem Mechanismus des Lernens fragen. Leider unterlassen dies viele Autoren. Wir können heute in der Tierpsychologie zwei verschiedene, um nicht zu sagen entgegengesetzte Richtungen unterscheiden: zu der ersten Richtung gehören die Forscher, welche glauben, daß die Selektion das große Prinzip ist, das jeder Entwicklung der organischen Welt zugrunde liegt, d. h. die fanatischen Darwinisten; die zweite Richtung wird von den Forschern representiert, deren Arbeiten wir in den drei vorigen Kapiteln besprochen haben. Diese betrachten die Lebensäußerungen der Organismen als Folgen chemischer Prozesse, die sich zwischen den aktiven Substanzen des Organismus und der Umgebung abspielen. Diese Forscher, denen J. Loeb, Hugo de Vries, Bateson und ich selbst angehören, führen das Werk Lamarcks fort.

A. Selektion der Bewegungen. Theorie der Versuche und Irrtümer, Kritik der Theorie.

Wir verdanken Darwin das Selektionsprinzip und seine Anwendung auf die Variationen der Lebewesen sowie auf die Entwicklung. Die Variationen, deren Ursprung Darwin ganz dahingestellt sein läßt, sollen teils nützlich teils schädlich sein; nur die nützlichen werden erhalten, es vollzieht sich in der Natur gewissermaßen eine Wahl, eine Selektion.

Hat es aber eine Selektion der Formen gegeben, so könnte es ebensogut eine der Bewegung geben. Schon seit längerer Zeit haben mehrere englische Gelehrte den Begriff einer Selektion der Bewegungen in die Tierpsychologie eingeführt, ich erinnere nur an Lloyd Morgan.

Der Begriff einer Selektion, einer Wahl, ist für einen nicht wissenschaftlich denkenden Geist recht gefährlich. Es bildet sich leicht die Vorstellung eines bewußten Wählers. Bei der künstlichen Zuchtwahl ist der Wählende unmittelbar zu erkennen: es ist der Landmann, der Züchter; bei der natürlichen Zuchtwahl gibt es jedoch, wie Darwin in seinen Schriften betont, keinen Wähler, die Auslese vollzieht sich sozusagen automatisch. Trotzdem haben mystische Geister auch hier nach einem persönlichen Züchter gesucht. Die Möglichkeit eines Mißverständnisses liegt eben sehr nahe und dieser Doppelsinn kann besonders unangenehm werden, wenn es sich um die Selektion von Bewegungen handelt. Man könnte natürlich auch hier sehr wohl annehmen, daß sich die Auswahl wie bei der Selektion der Gestalt automatisch vollzieht, aber ebenso nahe liegt der Gedanke, daß das Tier selbst der Wählende ist. Für viele würde die Tatsache, daß ein Tier wählen kann, das sicherste Zeichen psychischen Lebens bedeuten. Wir müssen uns daher hier vor verbalen Mißverständnissen sehr hüten.

Vor einigen Jahren nahm Jennings die Idee der Selektion von Bewegungen wieder auf und stellte gewissermaßen als Gegensatz zur Tropismentheorie seine Theorie der Versuche und Irrtümer auf.

Zu jener Zeit machten in Amerika die Versuche Thorndikes und Kinnamans an höheren Wirbeltieren großes Aufsehen. Wenn man beispielsweise einem Affen Gefäße von verschiedenster Form und Farbe vorsetzt, und stets in eines von diesen Gefäßen das Fressen tut, so lernt der Affe, nach zahlreichen Verwechslungen, allmählich das richtige Gefäß erkennen und geht nun direkt auf dasselbe zu: durch die verschiedenen Versuche werden die Irrtümer eliminiert.

Die Ausdehnung der Theorie der Versuche und Irrtümer auf die Protozoen war von außergewöhnlichem Erfolge begleitet. Man war entzückt von dem Gedanken, daß die strengsten wissenschaftlichen Untersuchungen eine vollkommene Übereinstimmung der Reaktionen von den niedersten bis zu den höchsten Tierklassen festgestellt hatten und besonders, daß sie die Existenz einer Wahl, vielleicht auch eines Willens von Uranfang an dartun.

Die Beobachtungen Jennings erstreckten sich vornehmlich auf Infusorien, kleine bewimperte Tierchen von etwa schraubenförmigem Bau. Diese Besonderheit der Gestalt erschwert das Problem ganz erheblich — ganz abgesehen davon, daß die Beobachtungen überhaupt große Sorgsamkeit erfordern. Meistens stellt der von den Infusorien zurückgelegte Weg eine geschlängelte oder spiralige Linie dar. Eine Euglena dreht sich z. B., während sie vorwärts schwimmt, um ihre eigene Achse und beschreibt dabei gleichzeitig eine konische Fläche: das Vorderende des Tieres richtet sich nacheinander nach den verschiedensten Richtungen des Raumes und das Infusor kommt dann in derjenigen Richtung los, die sich der Richtung der wirksamen Kraft am meisten annähert. Auf diese Weise vollzieht sich allmählich die Orientierung.

Namentlich die Jenningsschen Beobachtungen an Oxytricha fallax sind klassisch geworden. Das Tier bewegt sich aus einer kälteren Zone nach einer wärmeren Region hin, so wie es aber an die Grenze von Kalt und Warm gelangt, weicht es zurück und dreht sich um; dann dringt es aufs neue auf die wärmere Zone zu, weicht aber wiederum zurück und vollführt eine neuerliche

---

[1] Jennings, „Das Verhalten der niederen Organismen". Deutsche Übersetzung von Dr. Ernst Mangold. Leipzig 1910.

Drehung. Dieser Vorgang wiederholt sich viermal, erst dann hat sich das Tier in die günstigste Richtung eingestellt. Dieser einzellige Organismus soll demnach in ganz analoger Weise nach der günstigsten Richtung gesucht haben, wie der Affe Kinnamans unter den verschiedenen Gefäßen nach seinem Futternapf.

Gegen diese Deutung haben J. Loeb, Torrey und ich lebhaften Widerspruch erhoben und nachzuweisen versucht, daß die Bewegungen der Infusorien durch ganz einfache Gesetze, durch die Gesetze der Tropismen und der Unterschiedsempfindlichkeit, bestimmt werden.

Wo Jennings zufällige Bewegungen, ein Probieren, vermutet, sehen wir durch Gesetze der physikalischen Chemie bestimmte Bewegungen.

Daß sich das Tier nicht unmittelbar und direkt nach der Reizquelle orientiert, kann daran liegen, daß der Tropismus zu schwach ist, oder durch die Unterschiedsempfindlichkeit oder durch Kräfte, welche die normalen Schwankungen hervorrufen, mehr oder minder übertönt wird. Steigert man die Sensibilität des Tieres, so verschwinden die Schwankungen. Zwischen der geradlinigen und der spiraligen Fortbewegung besteht nur ein gradueller Unterschied, der von dem jeweiligen chemischen Zustand des Organismus abhängt. Wären die Schwankungen Versuche, so müßten sie allmählich abnehmen — davon ist aber gar keine Rede. Es geschieht sogar häufig, daß ein Organismus sich anfänglich geradlinig fortbewegt und erst später, in dem Maße wie er allmählich unempfindlicher wird, stärkere Schwankungen ausführt.

Die Theorie der Versuche und Irrtümer ist demnach bereits sehr erschüttert. Sie hat großen Erfolg gehabt und neue, interessante und auch fruchtbare Untersuchungen angeregt, die sie aber allmählich selbst zu Fall gebracht haben. So ist sie wenigstens nicht ohne Nutzen geblieben.

B. Unvollkommenheiten der Anpassung bei den Handlungen der niederen Tiere.

Wir müssen, wie Loeb sagt[1], uns unter allen Umständen „von der Überschätzung der natürlichen Zuchtwahl freimachen und die Konsequenzen der Mendelschen Vererbungstheorie ziehen, wonach im Tier nicht alles nach seinem Interesse geregelt ist, sondern wonach das Tier als eine Summe unabhängig vererbbarer Charaktere aufzufassen ist“.

Unter dem Einflusse der Selektionshypothese hat sich bei vielen Zoologen und Psychologen die Ansicht festgesetzt, daß alles, was ein Tier tut, in seinem Interesse liegt. Als Jaques Loeb auf dem Kongreß zu Genf gefragt wurde, was er von der Zweckmäßigkeit der Tropismen hielte, gab er zur Antwort: Die Tropismen sind weder nützlich, noch schädlich. Sie sind die Resultanten aus mehreren unabhängig vererbten Eigenschaften, die sich wie die morphologischen Merkmale nach Mendelschen Gesetzen vererben. Nur jene Tierarten, bei denen die Anordnung dieser Eigenschaften zufällig mit der Erhaltung des Lebens vereinbar ist, konnten überleben. „Richtig ist es, daß Spezies, welche Tropismen besäßen, durch welche die Fortpflanzung und Erhaltung der Art unmöglich würde, aussterben müßten. Die umgekehrte Ansicht aber, daß jede Reaktion oder jeder Tropismus,

---

[1] Loc. cit. 1909.

welchen ein Tier besitzt, in seinem Interesse liegt, oder von größtem Nutzen für das Tier sein müsse, ist ebenso unrichtig wie die Ansicht, daß jedes Formelement einer Spezies für dieselbe von Nutzen sein müsse."

Zur Stütze seiner Ansicht führt Loeb den Galvanotropismus an, der weder im Interesse des Tieres liegt, noch durch Selektion oder durch Erlernung entstanden ist, ferner den positiven Heliotropismus mancher ständig im Dunkeln, z. B. im Schlamme des Meeresbodens, lebender Tiere. „Es ist also ebenso unberechtigt zu behaupten, daß die heliotropischen Reaktionen durch die biologischen Interessen des Tieres diktiert seien, als daß dieses in bezug auf den Galvanotropismus zutrifft."

Ich teile diese Auffassung vollkommen. „Es ist ein den Köpfen der Finalisten entsprossener Irrtum,"[1] sagte ich, „daß alle Tropismen zweckmäßig sein sollen. Sie können es sein, aber es ist nicht notwendig der Fall. Die Tropismen führen die niederen Tiere häufig dem Tode in die Arme, das hat aber bei der enormen Fruchtbarkeit dieser Tiere weiter nichts zu sagen. Hat man doch berechnet, daß ein Infusor, wenn ihm genügend Raum und Nahrung zur Verfügung stände, nach dreißig Tagen durch fortgesetzte Teilungen eine Masse lebendiger Substanz erzeugen würde, die etwa so groß wäre, wie unsere Sonne.

„Ich glaube es nicht und gerade bei den Tropismen nicht, daß die Tiere jederzeit in ihrem Interesse handeln, denn ich habe zu oft das Gegenteil beobachten können."

---

[1] G. Bohn, Rapport au Congrès de Genève 1909.

„Wenn beide Körperseiten ungleich beleuchtet werden, so ändert sich die Fortbewegungsrichtung des Tieres in einem bestimmten Sinne; wenn sich der Zustand der lebenden Substanz verändert, so tritt ein Zeitpunkt ein, in dem die Richtung nach der entgegengesetzten Seite ausbiegt. Ich habe beispielweise wiederholt beobachtet, daß ein Tier negativen Tropismus zeigte, wo der positive zweckmäßiger gewesen wäre; brachte ich dann das Tier in eine Umgebung, für die der negative Tropismus angebrachter erschien, so änderte sich unglücklicherweise durch den Wechsel der Umgebung der chemische Zustand der Materie derartig, daß sich der negative in positiven Tropismus umkehrte: der Tropismus blieb demnach unzweckmäßig.“

Die Unterschiedsempfindlichkeit ist besser angepaßt. Nach den von mir bereits früher ausgesprochenen Gesetzen weicht das Tier vor schädlichen Veränderungen zurück. Nun verhält sich aber nach den neuesten Arbeiten von Lapicque das Froschherz bei elektrischer Reizung in gleicher Weise, und in diesem Falle dürfte es wohl schwer halten, die Reaktion durch Anpassung zu erklären. Übrigens läßt auch die Zweckmäßigkeit der Unterschiedsempfindlichkeit gegenüber Lichtreizen, wie aus folgenden Beispielen hervorgeht, zu wünschen übrig. Die Acanthia lectularia ist ein ausgesprochen negativ phototropisches Insekt. Stellen wir nun, wenn sich eine Acanthia vom erleuchteten Fenster entfernt, ein Licht vor das Tier hin, so macht das Tier — wenigstens im ersten Augenblick — kehrt. Bringen wir jetzt die Lichtquelle hinter das Tier, so antwortet es auf diesen Reiz durch eine erneute Drehung um 180 Grad, es eilt also direkt in die Flamme hinein. Das Gesetz der Unterschiedsempfindlichkeit blieb in diesem Falle gewahrt, aber die Reaktion leitete das Tier zu einer für es unvorteilhaften Handlung. Jennings stellte fest, daß sich viele Infusorien ganz ähnlich verhalten.

Die Tropismen und zuweilen auch die Unterschiedsempfindlichkeit (obzwar diese die Gefahren der Tropismen meistens mildert) können ein Tier in den Tod führen. Wirkt aber bei den Reaktionen das „assoziative Gedächtnis" mit, so wird die Anpassung vollkommener und vielleicht erlangen damit auch die Selektionsvorgänge eine höhere Bedeutung.

C. Die ersten Anfänge des assoziativen Gedächtnisses.

Das assoziative Gedächtnis tritt angedeutet wahrscheinlich schon bei den niedersten Organismen auf, doch bleibt es bei diesen lange Zeit hindurch bloß in dieser rudimentären Form bestehen.

Es entwickelt sich und besteht zur Seite der Tropismen und der Unterschiedsempfindlichkeit. Zu dieser Anschauung bin ich auf Grund meiner eigenen und durch das Studium fremder Arbeiten gelangt. Es ist meiner Ansicht nach durchaus verkehrt, das assoziative Gedächtnis von den Tropismen abzuleiten. In dem zweiten Teile dieses Buches, der den Gliedertieren gewidmet ist, werde ich zeigen, welche Bedeutung das assoziative Gedächtnis bei den Arthropoden erlangt hat.

Spuren eines assoziativen Gedächtnisses vermochte ich bei Aktinien und bei Mollusken (Patellen) aufzuzeigen. Natürlich ist es bei diesen Tieren noch ganz rudimentär. Da es aus der Kombination verschiedener Elemente besteht, so muß es um so komplizierter und ausgebildeter sein, je mannigfaltiger und zahlreicher die Elemente sind. Bei den niederen Tieren sind die einzelnen Empfindungen nur wenig verschieden und die verschiedensten Reize, wie Licht, Salzgehalt des Wassers usw., äußern sich daher bei diesen Organismen in gleicher Weise, z. B. durch Herabsetzung des Wassergehaltes der Gewebe. Bei den tiefstehenden Organismen überwiegen die einander sehr ähnlichen chemischen Empfindungen. Im allgemeinen setzen sich die Assoziationen dieser Tiere also nur aus wenigen und stets denselben Elementen zusammen.

Merkwürdig ist folgendes: Das assoziative Gedächtnis entwickelt sich stärker bei den festsitzenden als bei den frei beweglichen Tieren. Holmes wies nach, daß die Reaktionen bei manchen festsitzenden Infusorien, z. B. bei Loxophyllum, komplizierter verlaufen wie bei frei umherschwimmenden Paramäcien. Bei Tieren, die mit einem Nervensystem ausgestattet sind, liefert die stützende Unterlage neue Elemente, die sich zu den übrigen Empfindungen hinzuaddieren. Der schmarotzende Egel Branchellion ist gegenüber Beleuchtungsänderungen äußerst empfindlich, wenn er sich mit seinem hinteren Saugnapf an einem beliebigen Gegenstand festgeheftet hat, seine Empfindlichkeit nimmt erheblich ab, wenn der Gegenstand, auf dem er sich festgeheftet hat, ein Rochen ist. Ebenso verhält sich die Karpfenlaus, Argulus, die gleichfalls auf Fischen schmarotzt. Die eine Empfindung hemmt in diesem Falle eine andere. Dieses Verhalten wird vielleicht später den Mechanismus komplizierterer Assoziationen dem Verständnis näher bringen. Bei den Patellen vervollkommnen sich die Assoziationen bereits weiter. Jede dieser Schnecken bewohnt auf einem Felsen eine bestimmte Stelle, die sich durch glatte Unterlage und einen bestimmten Neigungswinkel auszeichnet. Wenn eine Patella ihren Platz verläßt und sich auf Nahrungssuche begibt, so hält sie jedesmal, wenn sie unterwegs auf eine glatte Fläche trifft, deren Neigungswinkel dem ihres Wohnortes ähnlich ist, inne; es scheint fast, als ob sie sich an ihren Wohnplatz erinnerte. Ähnliche Beobachtungen hat van der Ghinst im Jahre 1906 an Aktinien angestellt.

Zweiter Teil.

I.

Die Analyse der Instinkte bei den Gliedertieren.

Ehe wir an die Analyse der Instinkte herangehen, müssen wir noch einen flüchtigen Blick zurückwerfen.

Bei den niederen Tieren vermochte ich zwei ganz allgemein verbreitete Tendenzen festzustellen:

1. Das Bestreben, sich in der Weise zu orientieren, daß rechte und linke Körperhälfte gleichmäßig von einem äußeren Reize getroffen werden, und auf diese Weise einen Gleichgewichtszustand herbeizuführen. Dieser tritt, wie gesagt, ein, wenn die symmetrischen Körperstellen in gleicher Weise durch Licht, Schwerkraft oder andere Kräfte erregt werden. Sowie der Körper durch irgend eine Ursache aus dieser Gleichgewichtsstellung gebracht wird, sucht er sozusagen automatisch wieder zu ihr zurückzugelangen. Man bezeichnet diese Erscheinung als Tropismus.

2. Das Bestreben, bei plötzlicher Veränderung äußerer Einwirkungen stehen zu bleiben, zurückzuweichen oder eine Drehung um 180 Grad auszuführen. Es ist das ein Verhalten, das wir als Unterschiedsempfindlichkeit bezeichnet haben.

Neben diesen beiden Tendenzen stehen, wie wir bereits sahen, Anfänge eines assoziativen Gedächtnisses. Bei den Gliedertieren erlangt das assoziative Gedächtnis eine so hohe Entwicklung, daß es die Tropismen und die Unterschiedsempfindlichkeit nahezu verdeckt.

Die Instinkte der Krustaceen und Insekten setzen sich, wie uns jede Analyse lehrt, aus Aggregaten verschiedener mehr oder minder unabhängiger Elemente zusammen, d. h. zu den Überresten der alten Lebensfunktionen, den Tropismen und der Unterschiedsempfindlichkeit, treten neue Erwerbungen, die dem assoziativen Gedächtnis entstammen, hinzu.

Hiermit ist bereits der Leitgedanke der folgenden Untersuchung ausgesprochen. Zunächst wollen wir jetzt die Überbleibsel der alten Lebenstätigkeiten feststellen, um uns dann einer eingehenden Untersuchung der Assoziationsvorgänge zuzuwenden. Ist dies geschehen, so wollen wir eine Analyse einer Reihe von Instinkthandlungen durchführen, wie das „Sichtotstellen", „die Rückkehr ins Nest", das „Aufsuchen der Nahrung", „Mimikry" und die „sozialen Instinkte".

Aufsuchen von Resten der Tropismen und der Unterschiedsempfindlichkeit in den Handlungen der Gliedertiere:

Bei der Analyse der Tätigkeiten der niedersten Tiere hat sich der Tropismenbegriff überaus fruchtbar erwiesen. Leider aber gibt es Autoren, die überall nur Tropismen sehen und diesen Begriff in bedauerlichster Weise mißbrauchen. Ich betonte schon vorhin, daß die Aufstellung objektiver Kriterien für die Tropismen unerläßlich ist, und daß man in jedem einzelnen Falle an der Hand dieser Kriterien feststellen muß, ob man das Recht hat, von Tropismen zu sprechen.

So hat man in den letzten Jahren die Anziehung der Insekten durch die Blumen als Tropismus aufgefaßt, man stritt allerdings darüber, ob es sich dabei um einen Chemotropismus oder einen Phototropismus handelt. Plateau z. B. ist der Meinung, daß der Blütenfarbe nur eine untergeordnete Bedeutung zukommt und die Anziehung durch den Duft erfolgt. Die entgegengesetzte Anschauung vertritt Forel, der zugleich auch die Mitwirkung von Assoziationsvorgängen bei dieser Anlockung annimmt. Die Anziehung der Insekten durch die Blumen sei kein Tropismus.

Die Frage, ob bei den Arthropoden Tropismen vorkommen oder nicht, hat die Forscher bereits vielfach beschäftigt, im Jahre 1908 allein sind acht Arbeiten über diesen Gegenstand erschienen.

Ganz unabhängig voneinander versuchten Anna Drzewina und S. J. Holmes auf Grund neuer Versuche diese Frage zur Entscheidung zu bringen.

A. Drzewina[1] machte die Beobachtung, daß Krabben (Carcinus), die man am Strande auf den Boden setzt, sofort den Weg zum Meere einschlagen. Die Bewegung nach dieser Richtung macht einen ganz automatischen zwangsmäßigen Eindruck, das Tier läßt sich weder durch Licht noch durch Windrichtung, noch durch Hänge in seinem Laufe beirren. Anscheinend wird diese Orientierung des Tieres durch die vom Meere aufsteigende Feuchtigkeit bewirkt. Sind mehrere getrennte Wasser-

[1] A. Drzewina, „Les réactions adaptatives des crabes". Institut psychologique 1908.

becken vorhanden, so kombiniert sich die vom Wasser bewirkte Anziehung nach den Gesetzen der Mechanik. Können wir nun hier von einem Hydrotropismus sprechen?

Wenn man bei den Krabben die Symmetrie des Nervensystems zerstört, so führt das Tier wohl eine Weile Reitbahnbewegungen aus, diese Kreisbewegungen hören allmählich aber wieder auf. Es ist nun die Frage, ob das Aufhören dieser Bewegungen auf einen Lernvorgang zurückzuführen ist. Diese Frage ist um so berechtigter, als A. Drzewina durch andere Versuche nachgewiesen hat, daß die Krabben auf assoziativem Wege neue Gewohnheiten zu erwerben vermögen.

Holmes glaubt, daß die Tropismentheorie für den „Phototropismus" mancher Krabben keine ausreichende Erklärung gibt. Er weist darauf hin[1], daß die Symmetrieebene der Tiere bei ihrer Fortbewegung nicht, was beim Tropismus die Regel ist, mit der Richtung der Lichtstrahlen zusammenfällt, da sich die Krabben bekanntlich seitlich fortbewegen. Holmes erklärt diese Vorgänge durch Gefühle der Lust und Unlust und spricht von der „schlechten Laune" der Krabben, und davon, daß sie aus „Furcht" stehen bleiben.

Ähnliche Folgerungen zieht F. W. Carpenter aus seinen Versuchen an einer Fliegenart, Drosophila.

Es wäre interessant, wenn diese Beobachtungen von physikalisch-chemischen Gesichtspunkten aus wiederholt würden.

Nach meiner Überzeugung steht jedenfalls das Verhalten der Krabben nicht mit der Tropismentheorie in

[1] Holmes, „Phototaxis in fiddler crabs and its relations to theories of orientation". Journ. of Comp. Neurology 1908.

Widerspruch. Gewöhnlich sind die Muskeln der Tiere, welche Tropismus zeigen, zu beiden Seiten der Symmetrieebene in gleicher Weise tätig, so daß sich das Tier notwendig in der Richtung der wirkenden Kraft fortbewegt. Bei der Fortbewegung der Krabben jedoch arbeiten die Muskeln rechts und links von der Symmetrieebene verschieden, ja die Tätigkeit ist sogar auf beiden Seiten des Körpers gerade eine entgegengesetzte: die Beine der einen Seite streben nach der Symmetrieebene hin, die der anderen von ihr fort. Daraus ergibt sich mit Notwendigkeit, daß — wenn die Tropismentheorie zu Recht besteht — die Krabben ihre Symmetrieebene senkrecht zur Richtung der wirksamen Kraft einstellen müssen. Und in der Tat marschieren ja die Krabben in dieser Weise.

Analog könnten wir den Anteil der Unterschiedsempfindlichkeit an dem fertigen Instinkt aufsuchen; wir werden das später bei dem „Sichtotstellen“ durchführen. Gegenwärtig wollen wir zu den wichtigsten Elementen der Instinkte, zu den Assoziationen übergehen.

II.

Untersuchung der Empfindungen und ihrer Assoziationen bei den Gliedertieren.

A. Betrachtungen über die Existenz dieser Empfindungen.

Die Frage, ob die niederen Tiere Empfindungen besitzen und welcher Art ihre Empfindungen sind, bildete schon seit jeher den Mittelpunkt zahlreicher lebhafter Kontrovesen.

In neuester Zeit haben die Führer der deutschen mechanistischen Schule, Bethe, Th. Beer und v. Uexküll, den niederen Tieren die Empfindungen schlechthin abgesprochen. Sie gingen dabei noch über Descartes und J. Loeb hinaus, von denen der erstere die Theorie von den Tiermaschinen aufstellte, während Loeb nachgewiesen hat, daß zahlreiche Handlungen der niederen Tiere nichts als mechanische, direkte Reaktionen auf äußere Reize seien, bedingt durch die allgemeinen Eigenschaften der lebenden Substanz. In einem seiner Briefe hebt Descartes hervor, daß seine Auffassung „für die Tiere gar nicht so grausam" sei; er spricht den Tieren weder das Leben ab, noch leugnet er, daß sie Empfindungen besitzen, „soweit diese von den Organen des Körpers abhängen". Loeb spricht bereits bei den niedersten Tieren von „Sensibilität" und schreibt vielen sogar ein rudimentäres „assoziatives Gedächtnis" zu.

Die genannten deutschen Forscher jedoch, und viele andere mit ihnen, betrachten sämtliche Handlungen der niederen Tiere als rein mechanische Vorgänge. Die Tiere sollen auf Schädigungen lediglich mechanisch reagieren, die Sensibilität wäre für sie nicht bloß überflüssig, sondern soll überhaupt nicht vorhanden sein. Ziegler hält es für unwahrscheinlich, daß „die niederen Tiere Schmerz empfinden", — ein getretener Wurm, der sich krümmt, soll also keinen Schmerz fühlen! Der Schmerz, meint Ziegler, ist nur ein Alarmsignal, das es dem Organismus ermöglicht, sich einer schädlichen Einwirkung rechtzeitig zu entziehen und sie in Zukunft zu vermeiden. Bei den niederen Tieren, die schon mechanisch auf alle Schädigungen reagieren, wäre ein solches Signal überflüssig.

Man kann diese Überlegungen auch so ausdrücken: der Schmerz ist ein unnötiger Luxus, in der Natur gibt es keinen Luxus, also existiert der Schmerz nicht.

Diese Folgerung ergibt sich aus dem sogenannten Gesetz der Sparsamkeit, aber deswegen ist sie noch lange nicht richtig.

Ich glaube, kein Mensch, der sich eingehend mit der Beobachtung niederer Tiere abgegeben hat, wird diesen Organismen Empfindungen absprechen. Doch ich verstehe Zieglers Haltung einigermaßen, wenn ich bei vielen Autoren lese, daß sie Empfindung gleich Bewußtsein setzen.

Auch die meisten Philosophen betonen immer nachdrücklich, daß sich das Bewußtsein durch keinerlei objektives Zeichen verraten kann, daß es also aus diesem Grunde außerhalb des Bereichs wissenschaftlicher Forschung liegt. Ribot vergleicht das Bewußtsein einer Nachtlampe, die ein Zifferblatt erhellt; sie hat auf den Gang der Intelligenz nicht mehr und nicht weniger Einfluß als die Nachtlampe auf den Gang des Uhrwerks. Rémy de Gourmont meint: „Es ist sehr schwer festzustellen, ob die Tiere ein Bewußtsein besitzen, vielleicht aber auch ganz überflüssig.“

B. Betrachtungen über die Kriterien der Empfindungen.

Meiner Ansicht nach kann man bei allen Tieren, auch bei den niederen, von Empfindungen sprechen, nur darf man darunter keine Bewußtseinsvorgänge verstehen, sondern gewisse Prozesse im Nervensystem, die sich uns durch die Handlungen der Tiere offenbaren.

Welche objektiven Zeichen sind es, die uns die Empfindungen erkennen lassen?

Schon Lamarck versuchte diese Frage zu beantworten:

„Gibt es ein besonderes und konstantes Zeichen, das uns erkennen läßt, ob ein von uns verschiedenes Wesen, wenn es gereizt wird, auch wirklich etwas empfindet, und kann man die Bewegungen des Tieres, die auf den Reiz erfolgen, als Beweis dafür ansehen? Können uns diese Bewegungen, die ja das einzige Zeichen einer Empfindung sind, nicht auch oft täuschen, indem sie nur durch eine in den betroffenen Stellen erzeugte Reizbarkeit hervorgerufen werden?"

„Ich kenne", fährt Lamarck fort, „kein einziges sicheres Zeichen für die Empfindung, außer dem Schrei, den uns der Schmerz entreißt, aber dieses Zeichen vermögen nicht alle Tiere zu geben, und die, die es können, tun es auch nicht immer."

Man kann das soeben Gesagte auch folgendermaßen ausdrücken:

1. Einer Bewegung eines Tieres entspricht nicht notwendig eine Empfindung.

2. Eine Empfindung braucht sich nicht immer durch eine Bewegung zu verraten. Oder mit anderen Worten: es gibt Bewegungen ohne Empfindungen und Empfindungen ohne Bewegungen.

Nicht alle Empfindungen verraten sich äußerlich, viele bleiben verborgen, latent. Wollte man die Empfindungen der Tiere lediglich nach den entsprechenden Bewegungen beurteilen, so würde man nur eine recht geringe Anzahl auffinden.

Sehr häufig verraten sich die Empfindungen überhaupt nicht, und es gäbe keine vergleichende Psychologie, wenn sie sich nicht auf andere Weise ermitteln lassen. Ist dies aber möglich, dann ist der Tierpsychologie eine große Zukunft beschieden.

Wir sehen also, welche Bedeutung der Entscheidung dieser Frage zukommt. Wie ich im folgenden zeigen will, sind wir in der Tat imstande, die verborgenen Empfindungen aufzuzeigen, auch wenn sie sich nicht durch Bewegungen verraten.

Die Methode der „direkten Reaktion" ist durchaus nicht die einzig mögliche, neben ihr haben wir eine andere und bessere, die Methode der „Assoziation". Einige Beispiele sollen das klar machen.

Erstes Beispiel. — Zunächst will ich Max Meyers Versuche an Fischen anführen. Ich wähle gerade dieses Beispiel, obwohl es höhere Tiere betrifft, weil es äußerst instruktiv ist. Man hatte früher festgestellt, daß Fische auf Töne nicht reagieren, und daraus den Schluß gezogen, daß sie nicht hören. Meyer gesellte nun zu dem akustischen Reiz noch einen anderen Reiz, der für das Tier von Interesse ist, hinzu, nämlich einen Freßreiz. Jedesmal, wenn er einen bestimmten Ton anschlug, erhielt er seine Fische in einem kleinen, von dem Aquarium durch einen undurchsichtigen Schirm getrennten Abteil Futter. Nachdem er diesen Versuch etwa zwei Monate durchgeführt hatte, schwammen die Fische sofort, wenn der Ton erklang, in das Futterabteil hinein. Damit ist aber bewiesen, daß die Fische, wenigstens die von Meyer untersuchten

---

[1] Max Meyer, „Ergebnisse von Versuchen betreffend den Gehörsinn der Fische". Kongreß zu Genf 1909.

Arten, hören können, ein Beweis, der uns erst durch die Assoziationsmethode ermöglicht wurde.

Die Tonempfindung hat natürlich schon immer existiert, sonst hätte sie sich ja nicht mit einer anderen Empfindung assoziieren können, aber sie blieb verborgen und konnte erst durch die Assoziationsmethode nachgewiesen werden.

Zweites Beispiel. — Die Grabwespen, Bembex, legen ihre Eier in kleine selbstgegrabene Erdlöcher ab. Zur Nahrung für die heranwachsenden Larven schleppen sie dann Raupen, Insekten und Spinnen herbei, die sie auf zahlreichen Raubzügen erbeuten. Selbst wenn diese Raubzüge die Tiere weit fortgeführt haben, finden sie doch stets ihr Nest wieder. Bouvier[1] stellte nun sehr hübsche Versuche an, wie diese Orientierung eigentlich zustande kommt. Er gelangte dabei zu der Überzeugung, daß die Grabwespen sich von Gesichtsempfindungen leiten lassen und sich nach bestimmten Wegzeichen orientieren. Nehmen wir an, als solche Merkzeichen dienten drei Pflanzen, A, B und C. Neben diesen mag sich ein Stein befinden, der anscheinend mit der Orientierung nichts zu tun hat, denn während das Tier sofort gestört oder verwirrt wird, wenn eine der Pflanzen fehlt oder versetzt wird, scheint es sich um das Fehlen des Steines nicht zu kümmern. Und dennoch sieht die Wespe, wie man in folgender Weise beweisen kann, den Stein. Entfernt man nämlich die drei Pflanzen und harkt den Boden glatt, beläßt aber den Stein an seiner Stelle, oder rückt ihn wenigstens nur ein Stückchen weg, so findet das Tier nach

---

[1] E. L. Bouvier, „Les habitudes des bembex", Année psychologique 1900.

einigem Umhersuchen, offenbar geleitet durch den Anblick des Steines, sein Loch wieder.

Der Stein löste also Empfindungen aus, die uns anfangs verborgen geblieben waren und erst zum Vorschein kamen, als die stärkere Empfindungen erzeugenden Objekte entfernt wurden.

Es gibt also Empfindungen, und sogar in reicher Zahl, die sich nicht durch Bewegungen äußern. Um sie zu erkennen, müssen wir sie mit anderen Empfindungen verknüpfen und das Tier abrichten, auf diesen Assoziationskomplex zu reagieren.

Diesen Weg muß die Psychologie der höheren Tiere, der Gliedertiere und Wirbeltiere, einschlagen, um an ihr Ziel zu gelangen.

Ich weiß nicht, ob diese Auffassung der Empfindungen nicht viele Psychophysiker unbefriedigt lassen wird. Wollen doch viele nicht glauben, daß es Empfindungen geben könne, ohne sich unmittelbar durch Bewegungen zu verraten. Dementsprechend haben diese Forscher eine feste Beziehung zwischen Empfindung und der korrespondierenden Bewegung aufgestellt. So vertritt beispielsweise Charles Henry[1] die Ansicht, daß bei den niederen Tieren Empfindung und Bewegung einander vollkommen proportional gehen, während bei den höheren Tieren das Verhältnis zwischen Empfindung und Bewegung eine kompliziertere, eine logarithmische, Gestalt annimmt. Seine Ausführungen ruhen übrigens auf vollkommen spekulativer Basis.

---

[1] Ch. Henry, „Psychophysique et énergétique. Psychobiologie et énergétique". Institut psychologique 1909.

C. Gesetze der durch Assoziationen hervorgerufenen Reaktionen.

Die Rolle der Assoziationen bei den höher organisierten Tieren, speziell bei den Gliedertieren, ist, wie wir sehen, eine ganz gewaltige.

Die Erforschung dieser Assoziationen und der Gesetze, auf Grund deren sie bestimmte Reaktionen bedingen, ist außerordentlich interessant; vielleicht werden wir später einmal auch in ihren physikalisch-chemischen Mechanismus einzudringen vermögen.

In meinem Buche „Die Entstehung des Denkvermögens“ habe ich zwei Assoziationsgesetze aufgestellt:

1. Ähnlichkeitsassoziationen. — Nehmen wir eine Reihe analoger Gegenstände A, B, C, D usw. und bezeichnen wir ihre Merkmale mit α, β, γ usw.

A	α	β		δ		n	θ
B	α		γ		ε	n	θ
C	α				ε	n	θ
D	α	β			ε	n	θ
E	α	β			ε	n	
G	α			δ		n	

Nach der Häufigkeit ihres Vorkommens geordnet erhalten wir folgende Reihenfolge der Merkmale:

$$\alpha \text{ und n}, \theta, \text{E}, \beta, \delta, \gamma.$$

Die konstantesten Merkmale eines Gegenstandes werden auch die wesentlichen Bestandteile der Assoziation bilden: sie wirken als beständiger Reiz auf die Sinnesorgane, und ihre Eindrücke haften immer fester im Nervensystem. Die selten vorkommenden Merkmale hingegen werden unwesentliche Bestandteile der Assoziation bleiben, denn sie wirken nur selten auf die Sinnesorgane ein, und ihre Eindrücke verschwinden bald und werden überdies durch andere ersetzt. So resultiert aus einer längeren Reihe von Erfahrungen „ein verhältnismäßig einfacher Gesamteindruck des Gegenstandes".

Zur Strassen meint, daß bei diesen Vorgängen schon Abstraktionsprozesse einfachster Art mitsprechen, und stützt diese Ansicht durch eine ältere Arbeit von Roux. Ich vermag diese Auffassung nicht zu teilen. Die Ähnlichkeitsassoziationen bilden sich zufolge einer Unvollkommenheit der Nervenzentren, während die Abstraktionen das Produkt des wunderbar vollkommenen Apparates, den das Gehirn der höheren Wirbeltiere vorstellt, sind.

Zur Strassen betont die Vorteile, die einem Tiere aus den Ähnlichkeitsassoziationen erwachsen. Ein Tier verhält sich einer ganzen Klasse von Objekten gegenüber in gleicher Weise und läßt sich durch mehr oder weniger unwesentliche Details nicht irre führen. Ein Vogel sieht z. B. bei einer widrig schmeckenden Raupe scheinbar nur die lebhafte warnende Färbung, die verschiedenen Stellungen und die Größe der einzelnen Raupen kümmert ihn nicht. Wie ich jedoch gezeigt habe, können die Ähnlichkeitsassoziationen auch nachteilig wirken; so lassen sich beispielsweise die Einsiedlerkrebse durch eine Ähnlichkeit der Form täuschen und suchen auf einem Kieselstein nach der Mündung der Schneckenschale.

2. Automatie der Assoziationen. a, b, c und d seien die verschiedenen an der Assoziation a + b + c + d beteiligten Empfindungen und r sei die dieser Assoziation entsprechende Reaktion.

Anfangs genügt eine einzelne der Empfindungen a, b, c, d weder allein noch in Verbindung mit ein oder zwei anderen zur Auslösung der Reaktion r: dazu bedarf es der Assoziation aller vier Reize.

Nach einiger Zeit können aber einige oder selbst ein einzelner dieser Reize die Reaktion auslösen.

$$
\begin{array}{ll}
a + b + c + d & \longrightarrow r \\
a + b + c & \longrightarrow r \\
a + b & \longrightarrow r \\
a + \quad c & \longrightarrow r \\
a & \longrightarrow r
\end{array}
$$

Der Faktor a hat in dieser Assoziation eine dominierende Stellung erlangt. Dieser Tatsache, daß eine partielle Wiederkehr einer energetischen Situation genügt, um einen komplizierten Erregungszustand auszulösen, der anfänglich zu seiner Auslösung der synchronen Tätigkeit mehrerer Reize bedurfte, gibt auch Semon[1], dessen Buch über „Die Mneme", ebenso sein neuestes Werk „Die mnemischen Empfindungen" mit sehr viel Erfolg aufgenommen wurden, allerdings in einer besonderen Terminologie ebenfalls Ausdruck: die Ekphorie eines Engramms erzeugt die mnemischen Empfindungen.

D. Entstehung der Assoziationen bei den Gliedertieren.

Wenn man Gliedertiere, also Insekten und Crustaceen, in einem begrenzten Raume hält, in dem die topographische Anordnung der Gegenstände unverändert bleibt, so er

[1] R. Semon, „Die mnemischen Empfindungen". Leipzig 1909.

werben diese Tiere nach Ablauf einer gewissen Zeit bestimmte Gewohnheiten. Bei den niederen Tieren hat der entsprechende Versuch im allgemeinen keinen Erfolg, wahrscheinlich, weil das „assoziative Gedächtnis" bei diesen Tieren noch wenig entwickelt ist.

Bei den Gliedertieren haben sich die Sinnesorgane, vor allem das Auge, derart vervollkommnet, daß sie reiches Material zu Assoziationen liefern können. In Anbetracht der im vorigen Abschnitt besprochenen Gesetze, sind die Assoziationen jedoch weniger zusammengesetzt, als man anfangs zu vermuten geneigt wäre.

Bis jetzt existieren erst wenige Versuche, um die Bildung der Assoziationen bei Gliedertieren experimentell aufzuzeigen. Die ersten derartigen Versuche stellten Yerkes und G. E. Huggins[1] an Krebsen an. Sie ließen den Krebs zwischen zwei Ausgängen wählen, von denen der eine in ein Wasserbassin führt, während der zweite blind endigt, d. h. durch eine Glasplatte verschlossen ist. Allmählich lernt das Tier, den geschlossenen Ausgang vermeiden. Nach 60 Versuchen im Monat (also täglich zwei Versuchen) wuchs die Zahl der richtigen Antworten progressiv von 50 % auf 90 %. Zwei Wochen nach Abschluß der Versuche hatten die Krebse die neu erworbene Gewohnheit teilweise noch beibehalten (70 auf 100). Die Empfindungen, die sich in dieser Assoziation vereinten, entstammten dem chemischen Sinn, dem Tastsinn, dem Muskelsinn und dem Gesichtssinn.

---

[1] Yerkes et Huggins, „Habit formation in the crawfish". Harvard Psych. Studies 1903.

Anna Drzewina[1] zeigte neuerdings, daß auch Krabben, entgegen Bethes Behauptung, lernen können. Des Abends werden die Tiere durch eine Lichtquelle angezogen; stellt man nun zwischen sie und die Lichtquelle eine trennende Glaswand, die nur eine kleine seitliche Türöffnung besitzt, so stoßen die Krabben anfangs gegen das Glas. Nach einigen vergeblichen Versuchen finden sie endlich den Ausgang. Wiederholt man diesen Versuch allabendlich, so finden die Krabben den Ausgang von Tag zu Tag schneller. Es hat sich also zwischen Muskel- und Gesichtssinn eine neue Assoziation entwickelt.

Ein anderes Experiment stellte Spaulding[2] an: ein Aquarium wurde durch eine mit einer Verbindungstüre versehene Scheidewand in zwei gleiche Hälften geteilt, die eine Hälfte war erleuchtet, die andere dunkel. Die in einem so vorgerichteten Aquarium gehaltenen kleinen Krebse schwammen dann stets nach dem erleuchteten Teil. Nun stellte Spaulding ihnen das Futter immer in das dunkle Abteil, und nach und nach gewöhnten sich die Tiere, das Dunkel aufzusuchen, ja sie wanderten sogar noch dort hin, als sie kein Futter mehr erhielten. Am ersten Versuchstage hatten nur 10 Individuen von 100 das Futter aufgefunden, am achten Tage begaben sich — obgleich das Aquarium vorher gründlich gereinigt wurde und in dem dunklen Abteil sich kein Futter befand — im Verlaufe von fünf Minuten von 28 Individuen 24 in die dunkle Hälfte.

---

[1] A. Drzewina, „Les réactions adaptatives des crabes". Institut psychologique 1904.

[2] E. G. Spaulding, „Establishment of association in hermit crabs". Journ. Comp. Neurology a. Psychology 1904.

E. Aufsuchen der Empfindungen durch die Assoziationsmethode.

Es ist sehr zu wünschen, daß Versuche der eben angeführten Art in größerer Zahl angestellt würden, denn sie gestatten, wie ich bereits ausführte (II., B) die Auffindung latent gebliebener Empfindungen.

Mittels der Assoziationsmethode vermochte A. Drzewina kürzlich bei manchen Krustazeen Formempfindungen nachzuweisen.

Jedermann kennt die Einsiedler- oder St. Bernhardskrebse, die in Schneckenschalen ihren Wohnsitz aufschlagen. Besitzen diese Tiere Formempfindungen?

In der Regel dringen die Einsiedlerkrebse in jede Schneckenschale ein, auf die sie zufällig stoßen, wie immer diese auch geformt sei.

Anna Drzewina[1] hat sich nun folgenden hübschen Versuch ausgedacht:

„Ich bringe eine Anzahl schalenloser Einsiedlerkrebse in einem Becken mit leeren Schalen von Kreiselschnecken (Trochus) zusammen. Die Schalen besitzen eine kurze, konische Gestalt, ihre Mündung habe ich durch einen Korkstöpsel hermetisch verschlossen. Die Krebse gehen sofort auf die Schneckenschalen zu und versuchen mit größter Anstrengung, den Kork mit ihren Scheren aus der Mündung zu entfernen. Die ganze Nacht hindurch sind sie fleißig an der Arbeit und am Morgen findet man die Wasserfläche des Glasbeckens bedeckt mit Korkstückchen. Doch ihre Mühe ist vergebens, denn die Stöpsel

---

[1] A. Drzewina, „Contribution à la biologie des pagures misanthropes". Arch. de zool. expér. 1910.

sitzen zu fest. Man läßt die Tiere mehrere, etwa vier bis fünf, Tage mit den Schneckenhäusern zusammen und beschränkt sich darauf, das Wasser täglich zu erneuern. Allmählich merkt man, daß die Krebse mit der Zeit den Schneckenschalen gegenüber gleichgültiger werden, und wenn sie auf ihren Streifzügen mit ihren Scheren zufällig die Schalen oder den Stöpselrand berühren, ziehen sie sich sofort zurück, sie verhalten sich ganz wie einer bewohnten Schneckenschale gegenüber. Nach sechs bis acht Tagen machen die Krebse nicht mehr den geringsten Versuch, die verkorkten Schalen zu untersuchen, ja, wenn man sie ihnen direkt in den Weg legt, gehen sie achtlos daran vorbei, kriechen über sie hinweg, oder stoßen sie gar beiseite. Man findet auch keine Korkstückchen mehr im Wasser, der beste Beweis, daß die Tiere ihre anfänglichen Bemühungen aufgegeben haben. Offenbar hat sich bei den Krebsen eine neue Assoziation gebildet, derzufolge die Berührung einer verkorkten Schneckenschale keine Betastung von seiten des Krebses mehr auslöst.

„Bringt man jetzt eine Schneckenschale in das Becken, die zwar ebenfalls verkorkt ist, aber eine andere Gestalt besitzt, z. B. Cerithium, die eine langgewundene konische Form hat, so zeigen die Tiere auf der Stelle ein anderes Verhalten.“

„Sowie ein Krebs auf die neue Schale trifft, bemächtigt er sich ihrer und untersucht sie mit größtem Eifer fünf Minuten lang, zehn Minuten lang, betastet sie von der Basis bis zur Spitze und von der Spitze bis zur Basis und versucht beständig seine Scheren in die Mündung einzuführen, wobei er stets kleine Korkstückchen abreist.“

„Dieses Verhalten beweist nicht bloß, daß die Krebse imstande sind, neue Assoziationen zu bilden, sondern auch, daß sie mit Hilfe ihrer Tastempfindungen verschiedene Formen zu unterscheiden vermögen. Diese Behauptung läßt sich noch dadurch stützen, daß wir eine neue Trochusschale, die aber nur mit Papier verschlossen ist, in das Becken tun. Obgleich es den Krebsen ein leichtes wäre, das Papier zu entfernen, machen sie gar nicht erst den Versuch, sondern schieben die Schale, wenn sie auf sie stoßen, beiseite. Es ist also tatsächlich die Form der Schale, welche die Reaktion auslöst."

Ich habe diesen Versuch deshalb so ausführlich zitiert, weil er mir äußerst wichtig erscheint. Ist es doch einer der ersten Versuche, die Assoziationsmethode, die sich in neuerer Zeit in der Tierpsychologie so fruchtbar erwiesen hat, auf die niederen Tiere auszudehnen.

III.

Analyse verschiedener Instinkte.

Wir wollen nunmehr die vorhin besprochenen Prinzipien bei der Analyse einiger Instinkte durchführen, ein Versuch, der meines Wissens bis jetzt noch nie unternommen wurde. Wir wählen dazu:

1. das „Sichtotstellen",
2. die Rückkehr ins Nest,
3. das Aufsuchen der Nahrung,
4. Mimikry,
5. Soziale Instinkte.

A. Sichtotstellen.

Zahlreiche Krustazeen und Insekten besitzen die Fähigkeit, wenn sich in ihrer Umgebung irgend eine plötzliche Änderung vollzieht, wenn sie „bedroht" werden, ihre Lebenstätigkeiten plötzlich einzustellen, sich „tot zu stellen".

In Übereinstimmung mit den Forschern, die eine wissenschaftliche Analyse dieser Erscheinung unternommen haben, will ich zu beweisen versuchen, daß von einer „Simulation" gar keine Rede sein kann, und daß die Tiere kein Bewußtsein einer drohenden Gefahr haben. Meiner Meinung nach handelt es sich bei diesem Instinkt um einen der Unterschiedsempfindlichkeit, die wir bei den Einzelligen und den marinen Röhrenwürmern beobachten können, sehr ähnlichen Vorgang. Ehe ich aber den Beweis für meine Behauptung erbringe, muß ich die charakteristischen Eigenschaften der Unterschiedsempfindlichkeit bei niederen Tieren erst genau definieren.

Unterschiedsempfindlichkeit der einzelligen Tiere.

1. Die niedrigst organisierten Protozoen, die Amöben und ihre Verwandten, bestehen aus einem Klümpchen lebender Substanz, das nach allen Richtungen hin Scheinfüßchen oder Pseudopodien auszustrecken und wieder einzuziehen vermag.

Wenn man die Tiere unter dem Mikroskop beobachtet, sieht man häufig, wie sie plötzlich ihre Pseudopodien einziehen, sich zu einer Kugel runden und scheinbar ihre Lebenstätigkeiten einstellen. Die Ursache dieses Verhaltens liegt offenbar stets in plötzlichen Veränderungen der Umgebung.

2. Dieses Verhalten zeigt mehrere Grade. Manchmal ist die Einziehung der Pseudopodien fast unmerklich. Stoßen wir z. B. den Objektträger, auf dem sich ein Aktino-

sphärium oder eine Amöbe befindet, ganz leicht an, so gerät die zentrifugale Protoplasmaströmung augenblicklich ins Stocken, ja es kann sogar vorübergehend zu einer teilweisen Einziehung der Pseudopodien und einem Rückwärtsströmen des Protoplasmas kommen.

Andere Arten, z. B. die Difflugien, reagieren, wie Verworn zeigte, noch energischer: „Schon bei einer schwachen Erschütterung werden die Pseudopodien langsam mehr oder weniger weit retrahiert, wobei ihr vorher glatter Kontur runzlig wird. Bei stärkerer Erschütterung aber werden die Pseudopodien häufig in den Protoplasmaleib hineingezogen ... Unter den Polythalamien gibt es ebenfalls eine Reihe außerordentlich reizbarer Formen, die schon bei einer leichten Erschütterung ihre gesamten, reich verzweigten Pseudopodien einziehen.“

Die Wirkung wird natürlich verstärkt, wenn mehrere Erschütterungen aufeinander folgen.

3. Dieses Verhalten zeigen Organismen verschiedenster Art: Amöben und andere Rhizopoden, weiße Blutkörperchen (Leukozyten), gewisse Eier, ja sogar Teilstücke dieser Organismen, beispielsweise Stücke von Rhizopoden oder Blastomeren eines in Furchung begriffenen Eies.

4. Dieses Verhalten wird durch plötzliche Veränderungen irgendwelcher äußeren Kräfte verursacht. Pelomyxa ist ein zierliches Rhizopod, das im Sand und Schlamm von Teichen und Pfützen lebt. Wird eine Pelomyxa beim Kriechen mechanisch durch Erschütterung, oder chemisch durch Zusatz von Salzlösungen, oder thermisch durch Erwärmen gereizt, so kontrahiert sie sich sofort zu einer Kugel. Am ausgesprochensten ist ihre Reizbarkeit gegenüber Licht.

5. Nach einer häufigeren Wiederholung des Reizes schwächt sich seine Wirkung allmählich ab. Pénard fand bei drei Heliozoenarten, daß die Tiere bei jeder Reizung blitzschnell ihre Pseudopodien einziehen, so daß diese sich nur noch als kleine Wülste an dem Körper markieren. Doch schon nach kurzer Zeit werden sie wieder ausgestreckt. Wiederholt man den Versuch fünf- oder sechsmal hintereinander, so ist die Reaktion jedesmal schwerer auszulösen."

6. Die Dauer der Einziehung schwankt nach den jeweiligen Temperatur- und Beleuchtungsverhältnissen.

7. Irgendwelche Assoziationen scheinen bei diesem Vorgange nicht beteiligt zu sein.

8. Anthropomorphistische Erklärungsversuche müssen entschieden abgelehnt werden. So erklärt z. B. Pénard das Verhalten der Heliozoen damit, daß sie sich „fürchten". Das ist überhaupt keine Erklärung. Es ist unbedingt vorteilhafter, wenn man da die Veränderungen des chemischen Zustandes der Zellen zur Erklärung heranzieht.

Unterschiedsempfindlichkeit der Röhrenwürmer. — Auch bei diesen Tieren äußert sich die Unterschiedsempfindlichkeit durch die gleichen Charakteristika:

1. Die Würmer ziehen sich häufig in ihre Röhren zurück.

2. Die Retraktion ist nicht immer gleich stark.

3. Die Erscheinung der Retraktion zeigen Würmer der verschiedensten Arten, so wie auch andere röhrenbewohnende Tiere.

4. Die Reaktion vollzieht sich unabhängig von der Natur des Reizes.

5. Nach wiederholten Reizen schwächt sich die Wirkung ab.

6. Die Dauer der Retraktion ist nach Temperatur und Beleuchtung verschieden.

7. Dieses Verhalten ist keine Gewohnheit, die erst durch besondere Assoziationen erzeugt werden mußte.

8. Die anthropomorphistischen Erklärungen, wie Furcht, Gedächtnis usw. bieten uns keinerlei Vorteile.

Das angebliche Sichtotstellen der Krustazeen und Insekten. — Wir wollen jetzt sehen, ob die genannten charakteristischen Eigenschaften auch für das Sichtotstellen Geltung haben.[1]

1. Wie in den vorhin genannten Fällen haben wir auch bei dem Sichtotstellen eine scheinbare Einstellung der Lebenstätigkeiten.

2. Dieses Verhalten zeigt mehrere Grade.

Erster Grad. — Das Tier verharrt unbeweglich in der Haltung, die es im Moment des Sichtotstellens eingenommen hatte — diese Haltung kann natürlich unendlich verschieden sein. Zu dieser Klasse gehören manche Wasserwanzen, z. B. die Ranatren. Ihr Körper ist langgestreckt und trägt drei Beinpaare, die beiden hinteren Beinpaare sind zart und dienen zur Lokomotion, das vordere Beinpaar ist kürzer, hakenförmig gebogen und dient zum Ergreifen der Beute. Wenn man das Insekt ergreift und aus dem Wasser herausnimmt, verharrt es unbeweglich in der Stellung, die es gerade eingenommen hatte, als es gepackt wurde. Manchmal sind die Beine an den Körper angezogen, manchmal stehen sie in rechtem

---

[1] Dabei stütze ich mich auf die Arbeiten von Holmes, „Death-feigning in Ranatra". Journ. of comp. Neur. a. Psych. 1906.

Winkel von dem Körper ab, wie die Äste eines Stammes, oder in beliebig anderer Weise.

Zweiter Grad. — Bevor das Tier in den Erstarrungszustand verfällt, zieht es seine Körperanhänge ein, rollt sich zusammen und nimmt eine möglichst kompakte Gestalt an.

So rollen sich beispielsweise die Asseln ganz zusammen, viele nehmen direkt Kugelgestalt an, so daß sie auf einer geneigten Fläche wie Billardkugeln herunterrollen.

Manche Amphipoden, z. B. Talitrus, krümmen den Körper bogenförmig, legen die Antennen an den Körper an und ziehen die Beine ein. Die einzelnen Arten verhalten sich etwas verschieden, manche ziehen die Körperanhänge völlig ein, andere nur teilweise.

Unter den Insekten pflegen die Käfer ihre Beine anzuziehen und so eng wie möglich dem Körper anzuschmiegen.

In allen diesen Fällen wird die Unbeweglichkeit durch tetanische Kontraktionen der Muskeln hervorgerufen und zu ihrer Durchführung müssen die Tiere schon eine ziemlich erhebliche Muskelarbeit leisten, es handelt sich also, ebenso wie bei den Röhrenwürmern, nicht um einen passiven Zustand, sondern um eine besonders starke aktive Muskeltätigkeit.

3. Gliedertiere der verschiedensten Arten, aus den verschiedensten Wohngebieten, zeigen das gleiche Verhalten.

4. Der tetanische Zustand kann durch die verschiedensten Reize ausgelöst werden, durch Berührung, Beleuchtungskontraste, chemische Veränderungen.

5. Bei wiederholten Reizen nimmt die Wirkung an Dauer und Intensität ab. Dieser Satz hat in der Physiologie bekanntlich eine ganz allgemeine Geltung.

6. Das Verhalten ist abhängig von Temperatur und Beleuchtung. Holmes hat an Wasserwanzen festgestellt, daß Wärme die Dauer des Scheintodes verkürzt, Kälte sie verlängert. Das Insekt braucht z. B. bloß einen kalten Gegenstand zu streifen, so stellt es sich sofort tot. Licht wirkt ebenso wie Wärme und wenn man z. B. ein Licht vor einem scheintoten Tier hin- und herbewegt, kann man dasselbe sogar „erwecken". Nun wirken bekanntlich Licht und Wärme beschleunigend auf die chemischen Umsetzungen des Organismus ein.

7. Wir haben keine Veranlassung anzunehmen, daß an diesem Verhalten Assoziationen von Empfindungen beteiligt sind.

Das scheintote Insekt verhält sich, als ob es gar nichts fühlte, es befindet sich, wie Holmes meint, in einem Zustand, welcher der Katalepsie beim Menschen vergleichbar ist. Die Sensibilität erscheint völlig aufgehoben, man kann dem Tier ein Bein nach dem anderen abschneiden, kann ihm Thorax und Abdomen verstümmeln, ohne die geringste Reaktion zu erhalten.

J. H. Fabre hat schon vor langer Zeit beobachtet, daß sich ein scheintotes Tier so verhält, als merkte es nichts, was außer ihm vorgeht. Wenn er einen Käfer auf den Rücken legte, so nahm dieser sofort die oben beschriebene Haltung ein, d. h. er verharrte unbeweglich mit hängendem Kopfe und angezogenen Beinen. Erst nach einer Stunde erwachte das Insekt wieder, wobei sich das Erwachen zuerst durch ein leises Zittern der Beine und leichte Bewegungen der Fühler anzeigte. Der Käfer zeigte das gleiche Verhalten, wie Fabre ferner noch feststellte, ob der Beobachter ihm nah oder fern stand, ja, ob er überhaupt im Zimmer war, auch machte es keinen

Unterschied, ob der Käfer zugedeckt oder offen da lag, ob sich neben ihm etwas bewegte oder nicht, und ob es leise oder laut im Zimmer war. Er reagierte auf nichts, was um ihn herum vorging.

8. Man hat für das Sichtotstellen die verschiedensten anthropomorphistischen Erklärungen abgegeben.

Zunächst dachte man, wie vorhin bei den Protozoen, daß sich die Tiere aus Furcht in dieser Weise verhalten. Das erschreckte Tier soll bestrebt sein, seine Oberfläche möglichst zu verkleinern und eine Stellung anzunehmen, welche die wenigsten Angriffspunkte bietet, aus diesem Grunde seien auch die meistbedrohten Organe, die Beine, am besten geschützt. Zum Unglück der Finalisten gibt es aber Beispiele, wie etwa die Wasserwanzen, die uns die Unhaltbarkeit dieser Ansicht demonstrieren.

Man hat von Simulation gesprochen. Der Ausdruck ist schlecht gewählt, denn er erweckt den Anschein, als ob das Tier seine Stellung in der bewußten Absicht einnähme, den Feind zu täuschen. Nun hat auch schon Darwin darauf hingewiesen, daß die scheintoten Tiere durchaus nicht dieselbe Stellung einnehmen wie die toten Tiere. Bei allen toten Käfern sehen wir, daß sie die Beine von sich strecken, ganz gleich was ihre Todesursache war. Ja, meinten da die Finalisten, vielleicht imitieren die Tiere nicht ihre toten Genossen, sondern andere Gegenstände, wie Ästchen oder dergleichen, und suchen auf diese Weise ihren Feinden zu entrinnen. Fälle, bei denen man an eine solche Nachahmung denken könnte, kommen jedoch nur selten vor und bieten überdies einen höchst zweifelhaften Nutzen. Man hat, wie wir später noch hören werden, die Bedeutung der Mimikry früher überhaupt sehr überschätzt.

Schließlich berief man sich auf den Willen der Tiere. Wir haben aber gehört, daß das Tier scheinbar gar nicht merkt, was in seiner Umgebung vorgeht. Holmes zeigte überdies, daß die Reaktion die gleiche bleibt, wenn man die Augen, das Gehirn, ja sogar den ganzen Kopf des Tieres entfernt.

Die geköpften Wasserwanzen Holmes betrugen sich mehrere Tage lang ganz wie normale Individuen, sie reagierten wie diese, schwammen mit ganz koordinierten Bewegungen im Wasser umher und stellten sich, wenn sie aus dem Wasser genommen wurden, in der gleichen Stellung tot, wie ihre nicht verstümmelten Genossen. Der Unterschied bestand lediglich darin, daß die Dauer der ganzen Erscheinung kürzer war, sie betrug nur einige Sekunden oder wenige Minuten. Das hielt aber sogar noch mehrere Tage nach der Operation an. Die Verkürzung der Dauer führt Holmes auf das Fehlen der Hirnganglien zurück, die normalerweise hemmend wirken.

Ja noch weiter: man kann die Wasserwanzen in Stücke schneiden und jedes einzelne Stück kann sich noch „tot stellen“. Wenn wir ein solches Insekt der Quere nach in zwei Hälften zerschneiden, so verfallen beide Hälften, wenn man sie reibt, in Erstarrung. Schneidet man ferner den Bauchstrang entzwei, so führen Kopf und Hinterleib spontane, voneinander unabhängige Bewegungen aus.

Wir finden also in dem Sichtotstellen alle Kriterien der Unterschiedsempfindlichkeit bei den niederen Tieren wieder. Dieser Instinkt setzt sich demnach aus Überbleibseln der Vergangenheit zusammen. Wir werden ihn auch bei den Wirbeltieren wieder antreffen, doch haben diese Tiere bereits gelernt, sich seiner bewußt zu ihrem Vorteil zu bedienen.

B. Die Rückkehr ins Nest.

Es gibt wohl kaum einen Instinkt, der mehr Bewunderung hervorgerufen hat, wie die Sicherheit, mit der die Tiere immer in ihr Nest zurückfinden. Während sich aber die alte Tierpsychologie mit der Bewunderung begnügte,versucht die neue diesen Instinkt zu analysieren.

Die einen führen ihn lediglich auf Tropismen zurück, andere betrachten ihn als ein Beispiel, welche Bedeutung den Assoziationen bei den niederen Tieren zukommt. Nach den neuesten Untersuchungen setzt sich der Instinkt aus dem Zusammenwirken verschiedener Tätigkeiten, den Tropismen, der Unterschiedsempfindlichkeit und der Assoziationen zusammen.

Eine Schneckenart, die Patellen, haben einen festen Standort, zu dem sie immer wieder zurückkehren. Diese Tiere verfolgen dank ihrer Unterschiedsempfindlichkeit bestimmte Strecken, die Wege des sogenannten geringsten Widerstandes, und sie halten auf ihrem Wege inne, wenn gewisse Empfindungskomplexe, die ihren gewöhnlichen Standplatz charakterisieren, verwirklicht sind.[1]

Die merkwürdigsten Beispiele der Rückkehr ins Nest findet man unter den Insekten.

Ich will einmal die neueren Arbeiten über Bienen, Ameisen und Wespen durchgehen, wobei ich mich auf die vorzüglichen Ausführungen Claparèdes[2] stütze, aber auch die seither neu erschienenen Arbeiten berücksichtige.

---

[1] G. Bohn, „De l'orientation des patelles". Scientia, Januar 1909, und Académie des sciences 1909, p. 868.

[2] Claparède, „La faculté d'orientation lointaine". Archives de Psychologie 1903.

1. Ameisen. — Bethe will alle Handlungen der Ameisen auf Tropismen zurückführen, Turner, der die Assoziationsvorgänge sorgfältig studiert hat, führt alles auf Assoziationen zurück. Beide Autoren scheinen mir etwas einseitig in ihrem Urteile zu ein.

1) Anteil der Tropismen an dem Instinkt. — Zunächst wollen wir die berühmte Theorie der Geruchsspuren von Bethe kennen lernen.

Nicht alle Ameisenarten sind gezwungen, bestimmte Wege zu verfolgen. Formica sanguinea und fusca kommen und gehen nach allen Richtungen, aber schon F. rufa und pratensis verfolgen vornehmlich ganz bestimmte Wege. Die Lasiusarten sollen fest an bestimmte Bahnen gebunden sein, sie legen bei der Rückkehr zum Nest die Wege mit allen Umwegen und Krümmungen, wie bei ihrer Entfernung vom Nest, zurück.

Daraufhin meint Bethe: „Die Ameisen hinterlassen beim Gehen auf dem Wege eine flüchtige chemische Spur, welche polarisiert ist und für den Weg vom Nest her und den Weg zum Nest hin verschieden ist. Diese Spur dient ihnen als Wegweiser, indem sie sie mittelst der Antennen rezipieren."

Schon lange vor Bethe hatte man von „Geruchsspuren" gesprochen. 1745 erzählte bereits Charles Bonnet, in seinen „Observations sur les insectes", daß man die Ameisen desorientieren kann, wenn man mit dem Finger über den Ameisenpfad fährt, und er führte das auf eine Störung der Geruchsempfindungen zurück. Pierre Huber vertritt in seinen berühmten 1810 erschienenen Arbeiten die Auffassung, daß die Orientierung sich durch das Gesicht vollzieht. Auch Fabre, Wasmann und Forel haben über diesen Punkt lange Abhandlungen geschrieben.

Das neue an der Betheschen Theorie[1] ist die Polarisierung des Weges, d. h. er nimmt eine in der Bewegungsrichtung polarisierte chemische Spur an. Diese Ansicht stützt Bethe u. a. auf folgende Tatsachen.

1. Man setzt eine Drehscheibe auf den Weg der Ameise. Beginnt man mit einer Drehung um 180 Grad, während sich eine Ameise auf der Scheibe befindet, so läßt sich das Tier in seiner Orientierung nicht stören, sondern verfolgt den ursprünglich von ihm eingeschlagenen Weg weiter, bis an den Rand der Drehscheibe.

2. Bethe leitete eine Ameisenstraße über drei gleichlange dünne Bretter, deren dem Nest zugewandte Enden er mit +, die abgewandten mit — bezeichnete. Die drei Bretter kann man in ihrer Reihenfolge beliebig wechseln, ohne daß die Ameisen darauf reagieren. Wenn man aber die beiden äußeren Bretter um 180 Grad dreht, so daß an den Enden überall gleiche Vorzeichen aneinander stoßen, so geraten die Ameisen in Unruhe und bleiben wie festgebannt auf dem Brett, auf dem sie sich zurzeit befinden. Durch eine bestimmte Anordnung der Bretter in Dreiecksform kann man die Ameisen zu einem Kreislauf veranlassen.

Die Bethesche Theorie wurde hauptsächlich von zwei Forschern, Wasmann und Forel, angegriffen. Beide können nicht verstehen, daß der Weg polarisiert sein soll, da die Insekten auf dem gleichen Wege in beiden Richtungen laufen.

Darauf erwidert Bethe, daß „mindestens zwei verschiedene polarisierte chemische Spuren hinterlassen werden, eine, welche zum Nest hin, und eine, welche vom

[1] Bethe, Pflügers Archiv Bd. 70, 1898, und Bd. 79, 1900.

Nest fortführt. Die zum Nest hinführende Spur kann den vom Nest kommenden Tieren nicht als Wegweiser dienen, und die vom Nest fortführende Spur ist nicht imstande Ameisen zum Neste hinzuleiten."

Trotzdem bestritten Wasmann und Forel die Zulässigkeit einer solchen Deutung, einmal wegen ihrer Unwahrscheinlichkeit, vor allem jedoch, weil viele Tatsachen damit nicht im Einklang stehen. Wasmann meint, es muß „etwas anderes" als die Polarisation sein, das den Ameisen ihren Weg verrät, aber was dies ist, „sei natürlich schwer zu sagen".

Wir befinden uns scheinbar inmitten lauter Rätsel.

2) Anteil der Assoziationen an dem Instinkt. — Turner[1] experimentierte mit den verschiedensten, in Gewohnheiten und Lebensweise voneinander sehr abweichenden Ameisenarten und ließ sich ohne jede vorgefaßte Meinung bei seinen Untersuchungen nur von Beobachtungen und Experimenten leiten.

Er nimmt an, daß die Ameisen ihr Nest anfangs nur durch Zufall wiederfinden. Es bedarf bei ihnen längerer Zeit, ehe sie sich in der näheren Umgebung durch mehrfache Ausflüge, bei denen sie die verschiedenen auf ihren Zügen gesammelten Eindrücke allmählich assoziieren, orientiert haben, d. h. sie finden den Rückweg auf Grund bestimmter Wegzeichen, wie Unregelmäßigkeiten des Bodens, Grenzen von Licht und Schatten, deren sie sich erinnern, mit einem Wort, durch die Erfahrung.

Nach Turners Meinung vermögen die Ameisen zu lernen und besitzen ein assoziatives Gedächtnis. Diese

[1] Turner, „The homing of ants". Journ. of comp. Neurology a. Psychol. 1907.

Ansicht sucht er durch zahlreiche Experimente zu stützen. Er stellt seinen Tieren dabei keine zu schweren Aufgaben, sondern läßt sie bloß auf einer Leiter hinaufsteigen und auf verschieden geneigten und verschieden beleuchteten Flächen marschieren. Die verschiedenen Empfindungen, Geruchs-, Tast-, mechanische und Gesichtsempfindungen, assoziieren sich dabei, doch kommt ihnen nicht allen der gleiche „psychische Wert" zu. Die einen sind einfach, die anderen zusammengesetzt, aber alle wirken dahin zusammen, die Auffindung des Nestes zu erleichtern: es handelt sich demnach hierbei um eine sehr komplizierte Handlung und nicht, wie viele glauben machen wollen, um eine direkte Antwort auf einen äußeren Reiz.

Auf die Hypothese, daß bei der Rückkehr ins Nest das Muskelgedächtnis die ausschlaggebende Rolle spielt, bin ich nicht näher eingegangen, weil sie in neuerer Zeit von verschiedenen ausgezeichneten Autoren, wie Turner, Ferton[1] und Cornetz stark angezweifelt wurde. Nach Cornetz[2], der kürzlich ein ausführliches Werk über die Wege der Ameisen veröffentlicht hat, müßten wir zwei Arten von muskulärem Gedächtnis unterscheiden: die Erinnerung an die vollzogenen Bewegungen und die Erinnerung an die Gesamtarbeit. Das Vorhandensein der ersten Art von Erinnerung lehnt er bei den Ameisen ganz ab, und was die zweite betrifft, so ist sie überaus grob und vermag höchstens „die durchlaufene Entfernung an-

---

[1] Ferton, „Notes détachées sur l'instinct des hyménoptères". Annales Société entom. 1909.

[2] Cornetz, „Trajets de fourmis et retours au nid". Institut psychologique 1910.

nähernd abzuschätzen, nicht aber zur Orientierung beizutragen".

2. Bienen und Grabwespen. — Sehr wertvolle Beobachtungen über die stacheltragenden, sich von Honig und Pollen nährenden, Hymenopteren verdanken wir Fabre, Herrn und Frau Peckham (1898), P. Marchal (1900), E. Bouvier (1901) und Bethe (1898—1902).

Der Körper der Bienen ist mit kurzen Haaren besetzt, ihre Fußglieder sind verbreitert, die Füßchen der grabenden Hymenopteren mit Stacheln und Dornen versehen.

Die folgenden Beobachtungen wurden an verschiedenen Bienen- und Wespenarten angestellt, an solitär lebenden Mauerbienen, Tapezierbienen und Mörtelbienen, sowie an gesellig lebenden Hummeln und Honigbienen; von den grabenden Hymenopteren an Wegwespen (Pompiliden), Mordwespen (Sphex), Grabwespen (Ammophiliden), Wirbelwespen (Bembex) und an Cerceris-Arten.

1. Anteil der Tropismen. — Wir hörten bereits, daß mit zunehmender Geschlechtsreife bei diesen Tieren die heliotropische Empfindlichkeit stetig zunimmt, bis sie zu einem sehr energischen Faktor wird, der den Hochzeitsflug mit veranlaßt.

2. Anteil der Assoziationen. — Bei den Arbeiterinnen hingegen kommt den Assoziationen der ausschlaggebende Einfluß zu.

Alle Beobachter heben, wie Bouvier schreibt, immer wieder bewundernd die Sicherheit hervor, mit der die grabenden Hymenopteren, speziell die Bembexarten, stets ihr Nest wiederfinden. Äußerlich scheint nichts das unterirdische Nest zu verraten, und trotzdem findet die Wespe bei der Heimkehr von ihren Raubzügen, ohne einen Augenblick zu schwanken, ihre Wohnung wieder. Erst ruht sie in deren unmittelbarer Nachbarschaft ein wenig aus, dann läßt sie sich sofort auf dem Boden über ihrem Neste nieder und beginnt zu graben. „Es scheint fast, meint Fabre, daß in der Wespe mehr vorhanden ist, als die bloße Erinnerung, etwa ein intuitiver Ortsinn, zu dem wir kein Analogon besitzen, jedenfalls eine undefinierbare Fähigkeit, die ich mangels einer besseren Bezeichnung, Gedächtnis nennen möchte. Einem Unbekannten kann man keinen Namen geben.“

Fabres Beobachtungen. — Seine eben dargelegte Auffassung stützt Fabre auf seine Beobachtungen an drei Hymenopterenarten, Cerceris, Bembex und Chalicodoma.

Er fing an einem Hange mehrere Cercerisexemplare, die er mit einem weißen Fleck zeichnete, steckte sie in eine Papiertüte und diese in eine Schachtel. Dann trug er die Tiere ein bis zwei Kilometer von ihrem Neste fort und ließ sie frei. Sämtliche Exemplare flogen sofort wieder zu ihrem Nest. Andere Exemplare wurden in einer Schachtel in die drei Kilometer von ihren Erdhöhlen entfernte Stadt Carpentras gebracht und erst am nächsten Morgen hier frei gelassen, trotzdem gelangten auch von diesen 10 Individuen fünf wieder zu ihren Nestern zurück.

Bei einem anderen Versuche fing Fabre einige Mörtelbienen (Chalicodoma), tat sie in eine Schachtel, schwang diese mehrfach herum und ließ die eingesperrten Tiere in verschiedenen Entfernungen von ihrer Fundstätte frei. Aus einer Entfernung von 2,5 km fanden von 10 Exemplaren durchschnittlich 4,5 wieder in ihr Nest, aus 3 km Entfernung 3,5 auf 10, aus 4 km 2,25 auf 10. Die Mörtelbienen ließen sich dabei auf ihrem Heimwege durch keinerlei Hindernisse zurückschrecken, sie flogen über Hügel, durchquerten Wälder und überwanden noch die verschiedensten anderen Schwierigkeiten.

Die Mörtelbienen Fabres „kannten" das Land auf etwa 4 km im Umkreis. Worauf stützt sich nun wohl diese Ortskenntnis, und müssen wir überhaupt eine solche annehmen?

Um dieses Problem zu beantworten, sind bereits die verschiedensten Experimente angestellt worden. Man brachte die Hymenopteren in ihnen ganz fremde Gegenden und sah dann zu, ob sie wieder heimfanden. Man wählte dazu eine Stadt, einen See und das Meer.

a) Die Stadt. — Den bekanntesten Versuch stellte Bethe in Straßburg an. Er nahm zwei Bienen aus einem Bienenstock der Umgebung und ließ sie inmitten der Stadt in 350, 400 und 650 m Entfernung von ihrem Stocke frei. Gleichzeitig ließ er 10 Exemplare des gleichen Stocks in gleichen Entfernungen, aber auf freiem Felde, auffliegen. Die Bienen aus der Stadt fanden rascher zu ihrem Nest zurück, als die Bienen, die auf dem Felde freigelassen wurden. Forel und von Buttel-Reepen machten dagegen geltend, daß die Stadt, die so zahlreiche Bonbonfabriken enthält, von früheren freiwilligen Besuchen den Bienen sehr wohl bekannt sein konnte. Dieser Einwand ist sicher beachtenswert. Es gibt jedoch außer den die Städte aufsuchenden Hymenopteren, andere, deren Lebensweise eine ganz rustikale ist, z. B. die Cercerisarten. Diese konnten demnach die Stadt Carpentras nicht kennen und trotzdem fanden sie auf eine Entfernung von 3 km wieder zu ihrem Stock zurück.

b) Der See. — Dieser Versuch, der zu den beweiskräftigsten gehört, stammt von dem Genfer Professor

Yung. Er fing 20 Bienen eines Stockes, sperrte sie in eine Schachtel und brachte sie an einen 6 km vom See entfernten Ort auf dem Festlande. Von diesen 20 Tieren gelangten 17 wieder heim. Am nächsten Tage tat er diese 17 Exemplare von neuem in eine Schachtel und ruderte mit ihnen in den See hinaus bis auf eine Entfernung von 3 km vom Ufer. Hier wurden die Bienen ausgelassen. Erst flatterten sie nach allen Richtungen umher und verschwanden dann schließlich. Nicht eine von diesen Bienen kehrte wieder zu ihrem Stock zurück.

Die Bienen besuchen normalerweise keinen See, sie konnten ihn also auch nicht kennen. Es scheint demnach wirklich eine gewisse Ortskenntnis erforderlich zu sein, um dem Tiere eine Orientierung in der Ferne zu ermöglichen.

c) Das Meer. — Schon vor ziemlich langer Zeit beschrieb Romanes folgenden Versuch. Zwei Kilometer vom Meeresstrand entfernt wurde ein neuer Bienenstock aufgestellt. Die Gegend zwischen Stock und Meer bestand aus kahlem Gelände, während in der jenseitigen Richtung, dem Lande zu, Gärten und blumige Wiesen lagen. Ließ man nun Bienen auf den Wiesen los, so fanden sie stets wieder in ihren Stock zurück, dagegen verfehlten sie regelmäßig ihr Ziel, wenn sie auf dem Meere losgelassen wurden.

Bouviers Beobachtungen.[1] — Demnach scheint es offenbar eine Ortskenntnis zu geben, aber es entsteht die Frage, worauf dieses Ortgedächtnis beruht? Zur Beantwortung dieser Frage wollen wir zuerst einmal das

---

[1] E. L. Bouvier, „Les habitudes des bembex". Année psychologique 1900.

Verhalten der Bienen, wenn sie nach weiten Streifzügen in ihr Nest zurückkehren, näher betrachten.

Fabre, der einen „Ortssinn“ bei den Insekten annimmt, verfuhr in folgender Weise. Er verscharrte den Eingang zum Erdnest, harkte den Boden glatt und bedeckte den Eingang zum Überfluß noch mit einem flachen Stein oder mit zahlreichen kleinen Steinchen oder mit einer Decke von frischem Pferdemist. Trotzdem fanden die Bembex in allen Fällen den Eingang wieder.

Bouvier, der allen solchen Versuchen gegenüber sehr skeptisch ist, wiederholte denselben und wählte zur Bedeckung des Eingangs einen flachen Stein. Im wesentlichen mußte er Fabres Angaben bestätigen, doch fand er, daß der Stein die Wespe störte, sie flog immer erst eine Weile um den Stein herum und wenn sie sich endlich auf ihm niederließ, so geschah dies nicht immer genau über dem Eingang zur Erdhöhle.

Übrigens schrieb schon 1841 Lepeletier: „Sie versucht erst den Stein wegzukratzen, fliegt dann nach einer Arbeit von einer Viertelstunde wieder fort, kehrt ohne ihre Beutefliege zurück und begibt sich von neuem an die Arbeit. Dann fliegt sie noch einmal fort, kehrt wiederum zurück, und beginnt schließlich die Erde rings um den Stein bald hier bald dort aufzuscharren ...“

Die Wespe beharrt demnach nicht unnützerweise darauf, gerade über dem richtigen Eingang zu graben, sondern, wenn ihr das unmöglich gemacht wird, sucht sie sich in der Nachbarschaft eine günstigere Stelle aus, wechselt wohl auch den Platz und versucht auf jede Weise in ihr Nest einzudringen.

Bei dem weiteren Versuch änderte Bouvier die Situation etwas, indem er den Stein etwa in 20 cm Entfernung von der ursprünglichen Stelle an einem ihr sehr ähnlichen Punkt niederlegte. „Bald kam das Insekt mit einer Fliege herangeflogen und ließ sich ohne Besinnen auf den Rand des Steines, d. h. 20 cm von ihrem Erdloche entfernt, nieder und begann sofort zu graben. Zweimal jagte ich die Wespe davon und beidemal kam sie wieder zu dem Stein zurück. Dann brachte ich den Stein auf seinen ursprünglichen Platz und alsbald fand das Tier den Eingang zu seiner Wohnung wieder."

„Offenbar," meint Bouvier, „hat der Instinkt das Tier hier irre geleitet. Die Wespe hatte ein deutliches Erinnerungsbild der topographischen Beschaffenheit des Ortes in ihrem Gedächtnis aufbewahrt, und da der Stein ein wesentlicher Bestandteil der Topographie war, so diente er vornehmlich als Merkzeichen für den Eingang ins Nest."

Bouvier versuchte das gleiche Experiment noch an verschiedenen anderen Nestern und mit anderen Steinen, erhielt aber stets nur Mißerfolge. Er schloß daraus, „daß sich die Bembex noch mit Hilfe anderer lokaler Eigentümlichkeiten orientieren, die sich ihnen stärker einprägen als das Bild eines Steines."

Bei einem Versuche legte Bouvier einen flachen weißen Stein etwa 10 cm von dem Eingang entfernt auf den Boden hin und beließ ihn mehrere Tage dort. Wurde dieser Stein später an verschiedene andere Stelle gelegt, so ließ sich das Tier dadurch nicht beirren.

Eines Tages bedeckte Bouvier den Boden über dem Nesteingang in einem Umfang von 50 bis 60 Quadratzentimetern mit weißem Sande. Bald darauf „kehrte die Besitzerin des Nestes mit einer fetten Schlammfliege (Eristalus), die sie erbeutet hatte, zurück. Verwirrt über die in ihrer Abwesenheit geschehenen Veränderungen flog sie erst mehrere Sekunden unentschlossen über diesem künstlichen Strande hin, schließlich ließ sie sich auf dem Stein, also 10 cm von ihrem Nest entfernt, nieder und begann zu graben. Bald jedoch flog sie wieder davon, durchstreifte die Gegend in einigen Metern Entfernung, kam wieder, begann bald neben dem Stein, bald an anderen Stellen zu graben, flog von neuem fort und setzte ihre unruhigen Manipulationen in dieser Weise etwa eine Viertelstunde lang fort. Schließlich ließ die ermüdete Wespe ihre Fliege fallen, aber nur, um sich desto eifriger auf die Suche zu begeben. Auf diese Weise durchstöberte das Tier den ganzen Boden im Umkreis des Nestes und des Steines. Oft grub sie dicht neben dem wirklichen Eingang, dann ließ sie davon ab und versuchte ihr Glück an einer anderen Stelle. Das dauerte dreiviertel Stunden und würde wohl noch erheblich länger gedauert haben", hätte Bouvier nicht schließlich den Eingang selbst aufgedeckt.

Die Bouvierschen Versuche zeigen in mustergültiger Weise, wie man tierpsychologische Arbeiten durchführen soll, damit man zu einem Ergebnis gelangt. Wir brauchen nach seinen Versuchen nicht mehr eine „unbekannte Kraft" zur Erklärung heranzuziehen, denn wir sehen ganz deutlich, daß sich die Tiere nach bestimmten Merkzeichen orientieren. Sowohl die ungefähre Gegend, als den genauen Eingang des Nestes findet das Tier durch Zeichen wieder und zwar wird es im ersten Falle durch entferntere Gegenstände, im zweiten durch nahe gelegene geleitet. Sind die letzteren zerstört oder verändert, so fliegt das Tier auf, um auch die entferntere Orientierung entsprechend abzuändern.

Das Auffinden der Gegend, in der das Nest liegt, sowie des Nestes selbst, muß demnach erlernt werden.

Über die Orientierung bei verschiedenen Grabwespen haben zwei amerikanische Naturforscher, Herr und Frau Peckham, sehr gute Beobachtungen veröffentlicht. Pompiliden, Sphegiden und Cercerisarten, die eben ihre Nester angelegt haben, entfernen sich von demselben in kreisförmigen Spiralen. Es soll geradezu ein „systematisches Studium der Umgebung des Nestes" (systematic study of the surroundings) stattfinden. Die gleiche Wahrnehmung machte bereits Bates.

Eine Biene, die ihren Stock zum erstenmal verläßt, führt bekanntlich zuerst einen „Orientierungsflug" aus, d. h. sie fliegt um den Stock herum und behält ihn dabei im Auge. Diese Haltung ist ganz bezeichnend, sie ist ein Beweis dafür, daß sich die Orientierung mittels des Gesichtsinnes vollzieht.

v. Buttel-Reepen, der sich eingehend mit den Orientierungsausflügen beschäftigte, zeigte, daß junge Bienen, welche diesen Flug noch nicht getan haben, bei zwangsweiser Entfernung nicht wieder zum Stock zurückfinden. Auch wenn man einen Bienenstock in eine andere Gegend bringt, die etwa 7 km von seinem ersten Standplatz entfernt liegt, und die noch nicht ausgeflogenen Bienen herausnimmt und in 30 bis 40 m Entfernung von dem Stock frei läßt, findet keine einzige wieder in den Stock zurück.

Die Hymenopteren lernen sehr schnell, da sie ein gutentwickeltes assoziatives Gedächtnis besitzen, welches die Empfindungen, in erster Linie die Gesichtsempfindungen, untereinander verknüpft. Wie v. Buttel weiter gezeigt hat, kann man jedoch durch Äther- oder

Chloroformnarkose den Bienen alle Erinnerungsbilder, und zwar für immer rauben.

In zwei neueren Arbeiten teilt Turner[1] mit, daß auch bei den Sandwespen (Ammophila) und den Pelzbienen (Anthophora) das Auffinden des Nestes durch ein Ortsgedächtnis ermöglicht wird. Wurde in der Umgebung des Nestes irgend etwas geändert, so flogen die Tiere erst zur Auskundschaftung der Gegend auf, dieser Flug unterbleibt aber, wenn sich nichts verändert hat.

Alle diese Beobachtungen beweisen, wie ungenügend jeder mechanistische Erklärungsversuch nach Art des Betheschen ist. Sie zeigen ferner, daß die individuellen Erfahrungen bei dem Wiederfinden des Nestes von größter Bedeutung sind und daß es sich nicht, wie man früher annahm, um einen rein ererbten, angeborenen und unveränderlichen Instinkt handelt.

C. Das Aufsuchen der Nahrung.

Die Bedeutung der Nahrungssuche wurde früher bei niederen Tieren sehr überschätzt. Eine ziemliche Anzahl dieser Tiere lebt sozusagen in einer Nährlösung, die Tiere nehmen die im Überfluß vorhandenen Nährstoffe entweder durch Osmose auf oder sie verschlucken sie einfach. Andere, deren Bewegungen durch Tropismen und Unterschiedsempfindlichkeit bestimmt werden, treffen auf ihren Wegen zufällig die nötige Nahrung an.

Zu der letzteren Gruppe gehören von den Insekten noch die Raupen. Die Beobachtungen Loebs über den Tropismus der Raupen von Porthesia chrysorrhoea

---

[1] Turner, Biological Bulletin 1908.

und die bei ihnen durch die Nahrungsaufnahme bewirkte Veränderung des Heliotropismus haben wir bereits früher besprochen. Wie ich in einer neueren Arbeit über eine andere Raupenart, Hypochrita Jacobaea,[1] zeigte, unterliegen die Handlungen dieser Tiere den allgemeinen Gesetzen der Unterschiedsempfindlichkeit; von finalen Gesichtspunkten läßt sich ihr Verhalten schwer verstehen.

Bei den erwachsenen Hymenopteren, die ja, wie wir wissen, ein sehr gut entwickeltes assoziatives Gedächtnis besitzen, wird dieses natürlich bei der Nahrungssuche ebenso beteiligt sein, wie bei der Nestsuche.

Wir wollen uns hier damit begnügen, die geistvollen Beobachtungen Gaston Bonniers[2] über die Arbeitsteilung bei den Bienen eines Stockes anzuführen. Eine Biene ist je nach den Verhältnissen Sucherin oder Sammlerin. Im ersten Falle streift sie suchend umher, läßt sich bald da, bald dort nieder, bis sie einen Platz entdeckt hat, auf dem es etwas zu holen gibt. Dann ruft sie ihre Gefährtinnen herbei und es entwickelt sich ein eifriges Kommen und Gehen zwischen dem Bienenstock und diesem Platze. Gleichzeitig gibt die Kundschafterin ein weiteres Suchen auf und wird, wie die übrigen Bienen, zur Sammlerin. Haben die Sammlerinnen eine Tätigkeit begonnen, z. B. das Herbeischaffen von Wasser, um den Brei für die Larven zu bereiten, so lassen sie sich in ihrer Arbeit durch nichts stören. Man kann ihnen sogar kleine mit Honig oder Sirup gefüllte Schälchen neben das Wasser hinstellen, sie machen keine Miene, die süße Flüssigkeit einzusammeln. Auch das umgekehrte Experiment hatte

[1] G. Bohn, „Quelques observations sur les chenilles des dunes". Institut psychologique 1909.

[2] G. Bonnier, Académie des sciences 1906.

den gleichen Erfolg: an einem sehr heißen Sommertage, an dem die Bienen recht fühlbar unter Wassermangel litten, stellte man ihnen neben die Blüten, die sie mittags immer zu besuchen pflegten, Behälter mit Wasser auf; trotzdem ging keine Biene an das Wasser heran, sie blieben bei der einmal begonnenen Arbeit.

Gaston Bonnier erklärt die Handlungen durch eine „Intelligenz des Stockes“ und einen „Kollektivverstand“, während andere Forscher, wie Abraham Netter, die Handlungen der Bienen für die Folge einer einfachen Reizbarkeit halten. So viel ist sicher, daß die Handlungen der Bienen durch ihr geselliges Zusammenleben komplizierter sind, als die anderer Insekten. Bei Besprechung der sozialen Instinkte werde ich noch einmal auf diese Frage zurückkommen. Wenn wir die Bienen und die übrigen sozial lebenden Hymenopteren ausnehmen, so können wir auch bei den Insekten ebenso wie bei fast allen übrigen Wirbellosen, nicht von einem eigentlichen Aufsuchen der Nahrung sprechen. Plötzlich taucht ein Beutetier vor dem Insekt auf und sofort stürzt dieses auf die Beute los, diese Reaktion ist aber fast immer die Antwort auf einen, durch den in Bewegung befindlichen Körper hervorgerufenen, Gesichtsreiz. Ein unbeweglich verharrendes Beutetier beachtet das Insekt gar nicht, es verfolgt dasselbe auch nicht, wenn es aus seinem Gesichtkreis entschwindet.

Im allgemeinen brauchen wir keinen besonderen Instinkt für das Aufsuchen der Nahrung anzunehmen; die aus Tropismen, Unterschiedsempfindlichkeit und assoziativem Gedächtnis, das ererbt oder erworben sein kann, zusammengesetzten Handlungen des Tieres führen es unter bestimmten Bedingungen mit der Nahrung zusammen. Bei manchen Tierarten tritt dabei der Anteil des assoziativen Gedächtnisses in den Vordergrund, bei anderen ist er nur gering. Ich kann an dieser Stelle natürlich unmöglich auf die einzelnen zahlreichen Fälle eingehen, aber ich will wenigstens eine Instinkthandlung besprechen, die von Fabre als etwas ganz Wunderbares hingestellt wurde, ich meine den Instinkt der Mordwespe, die ihre Beutetiere lähmen und dann das lebende gelähmte Tier in ihre Erdhöhle schleppen, wo es der nächsten Generation zur Nahrung dienen soll.

Die Wunder des Instinkts nach Fabre. — Unzähligemal hat man seit Fabre den Instinkt der Sphegiden angeführt, die durch einen Stich in die Nervenzentren eine Grille lähmen, sie in das Nest schleifen und sie dort der Nachkommenschaft zur Nahrung lassen.

Und in der Tat, ein solcher Instinkt, welcher das Tier ohne Lernen dazu führt die passende Beute zu finden und noch dazu an dieser Beute genau die Stelle des Bauchganglions aufzufinden, wäre höchst wunderbar! Wunderbar ist der Instinkt der Wespe, die ihre Beute durch einen Stich lähmt, um mit ihr Wesen zu ernähren, die sie noch nicht kennt, weil diese noch im Ei sind, die sie auch nie kennen wird, weil der Tod sie hinwegrafft ehe die Eier ausgeschlüpft sind. Dieser Instinkt, der durch eine geordnete Folge von Handlungen nicht die Erhaltung des Individuums sondern die Vermehrung der Art sichert, ohne daß das ausübende Insekt auch nur den Schatten eines Bewußtseins vom Zweck besitzt, vereinigt, wie P. Marchal schreibt, alle Momente, um den Anhängern des Übernatürlichen als Argument zu dienen.

Fabre hielt diesen „unveränderlichen" Instinkt für den schlagendsten Beweis gegen die Lehre vom

Transformismus. Selbst der Nachfolger und liebste Schüler Darwins, Romanes, mußte eingestehen, daß ihn dieser Instinkt in die größte Verlegenheit setzt, da er durch die Evolutionstheorie nicht erklärt werden kann. Auch Darwin vermochte seine Verlegenheit nicht zu verbergen, trotzdem versuchte er mit seiner gewöhnlichen Kühnheit, auch hierfür eine Erklärung abzugeben: „Es scheint mir nicht unmöglich, daß die Vorfahren der Pompiliden ursprünglich die Spinnen und Raupen an einer beliebigen und zufälligen Stelle des Körpers gestochen haben, und erst später, dank ihrer Intelligenz (!) bemerkten, daß ihre Opfer gelähmt wurden, wenn sie zwischen bestimmte Bauchsegmente stachen. Es erscheint mir auch nicht ausgeschlossen, daß diese Handlungsweise später instinktiv geworden ist, d. h. daß die Erinnerung an dieselbe sich von einer Generation auf die andere vererbt hat (Darwin leitet den Instinkt von der Intelligenz ab). Ich glaube nicht, daß wir annehmen müssen, daß Pompilius das Ganglion seines Opfers in der Absicht ansticht, das Tier lebend zu erhalten, oder daß er weiß, daß es am Leben bleiben wird."

Kritik der Fabreschen Beobachtungen. — Fabres Beobachtungen sind Musterbeispiele der alten Schule. Ihre kritische Würdigung hat P. Marchal[1] in ausgezeichneter Weise durchgeführt, wobei er zugleich die Wege wies, die man bei der Analyse der Instinkte einschlagen soll.

Marchal beginnt folgendermaßen seine Ausführungen „Das Leben der Insekten ist von sehr vielen Autoren be-

---

[1] P. Marchal, „Etude sur l'instinct de l'Ammophila affinis". Archives de zool. exper. 1892.

schrieben worden, aber stets waren diese Beschreibungen, selbst die neueren, bloß ein Anlaß, mit größerer oder geringerer Eleganz Geschichtchen zu erzählen, welche die Neigung zum Wunderbaren und vielleicht den Wunsch, die Leser möglichst in Erstaunen zu setzen, allzu deutlich erkennen ließen. Darauf ist es zweifellos zurückzuführen, daß heute derartige Untersuchungen bei vielen Naturforschern in Mißkredit geraten sind. Man muß erst mit den vorgefaßten Meinungen aufräumen, dann wird die Untersuchung der Lebensweise der Insekten bald zu den schönsten Kapiteln der vergleichenden Psychologie zählen."

Entgegen Fabres Behauptung von der Unveränderlichkeit des Instinkts, wies Marchal nach, wie dieser sich allmählich vervollkommnet hat. Bei seinen Ausführungen ging er von den gemeinen Wespen aus, und wir wollen unter Führung Marchals zeigen:

1. daß sich die Tiere bei der Verfolgung ihrer Beute oft irren,

2. daß die Stiche durchaus nicht genau geführt werden, und

3. daß der mütterliche Instinkt einen ganz „egoistischen" Ursprung hat.

1. Irrtümer bei der Jagd auf Beute. — Kürzlich berichtete F. Picard von einem Pompilius viaticus, der sich über eine Cicindela hybrida und über eine Ameise herstürzte, beides Tiere, die einen ganz anderen Geruch ausströmen wie das gewöhnliche Beutetier der Pompiliden, die Laufspinne.

2. Ungenauigkeit der Stiche. — Fabre bewundert die mathematische Genauigkeit, mit der die Wespen stets das Ganglion treffen, während Marchal

und die neueren Beobachter die Genauigkeit durchaus nicht so wunderbar fanden.

Eine gewöhnliche Wespe, die auf ein Beutetier trifft, spickt dasselbe geradezu mit Stichen, wo sie gerade hintrifft, dann saugt sie den Leichnam aus. Verhalten sich die Wespen Fabres wirklich so sehr abweichend?

Wir müssen zwei Fälle unterscheiden: Entweder handelt es sich um weichhäutige Tiere, wie bei Raupen, die von Sandwespen gelähmt werden, und den Spinnen, denen die Pompiliden das gleiche Schicksal bereiten; oder die Opfer besitzen einen festen Hautpanzer, der nur an den Gelenkverbindungen leicht durchbohrt werden kann, dazu gehören die Bienen, die von Cerceriden und Philantinen und die Grillen, die von den Sphegiden angegriffen werden.

Im ersten Falle irrt sich Fabres unfehlbarer Instinkt, wie Ferton, Rabaud[1] und andere gar oft gefunden haben. Ferton berichtet, daß z. B. Priocnemis affinis nur zweimal sticht, während Pompilus pulcher und eine andere Priocnemisart die Spinne mit zahlreichen Stichen durchbohrte, und Rabaud sah, daß sowohl ein Pompilius, wie Pseudogeria carbonaria wiederholt stachen. Oft versetzten sie dem Opfer zwanzig oder mehr Stiche, wohin sie gerade trafen.

„Was hat man nicht seit Fabre von den anatomischen Kenntnissen der Pompiliden und Sphegiden gefaselt! Mit einem präzis geführten Stich sollten die Tiere genau das Thorakalganglion treffen. Die Wirklichkeit ist indessen nicht so übernatürlich einfach, und in den Augen

---

[1] Et. Rabaud, „Notes critiques sur les moeurs des Pompiles“. Bulletin scientifique de la France et de la Belgique 1909.

des Naturforschers vervielfacht sich dieser einzige Stich ganz merkwürdig."

Auch die Fälle der zweiten Art bieten, wie Marchal ausführt, nichts Übernatürliches. Nehmen wir einmal den Fall, daß eine Biene von einer Cerceris angegriffen wird. Die Wespe sticht dahin, wo sie treffen kann und wo es ihr am bequemsten ist. Nun ist sie doch gezwungen, die Biene im Genick zu fassen, um deren Bissen zu entgehen, wenn sie also stechen will, muß sie ihr Abdomen krümmen, wie das jedes Insekt der gleichen Familie unter den gleichen Bedingungen tun würde, und natürlich hat das Abdomen mehr Chancen an die Unterseite des Opfertieres zu gelangen als an eine andere Stelle. Die Wespe „wählt" auf der Brust der Biene die schwächsten Stellen aus und sticht in diese hinein, aber ist das nicht etwas ganz Selbstverständliches? Die Cerceris wird nicht durch ein geheimnisvolles Wissen dazu gebracht, den Stachel gerade in diese bestimmte Stelle einzubohren, diese Stelle wird vielmehr durch die Körperbeschaffenheit der Beute bestimmt, deren Brust die Wespe mit ihrem Abdomen abtastet und dabei bohrt sich deren Stachel wiederholt und in ganz unregelmäßiger Folge in die Furchen zwischen den Segmenten hinein. Die Wespe gibt ihrem Abdomen eine bestimmte Krümmung und tastet mit dessen häkchenförmig umbogenem Ende langsam Thorax und Abdomen der Beute ab, wobei sie in die Gelenke einsticht, die im Bereich der Spitze liegen; diese sind aber natürlich je nach der Größe des Beutetieres verschieden. Die Sektion der Biene zeigt überdies, daß die Einstiche meistens nicht den Ganglien entsprechen, sondern etwa in der Mitte zwischen zwei Ganglien liegen; diese Entfernung ist jedoch so gering, daß eine fast momentane

Übertragung des lähmenden Giftes auf die Ganglien stattfindet.

3. Egoismus bei der „Erweichung". — Fabre beschreibt, daß die Mordwespen sich nicht damit begnügen, ihr Opfer durch einen Stich ins Bauchmark zu lähmen, sie „erweichen" noch den Kopf, um an das Gehirn zu gelangen und durch Kompression desselben eine Betäubung und vorübergehende Erstarrung zu erzielen. Dabei sollen sie mit der Behutsamkeit eines Chirurgen vorgehen, der jede Bewegung sorgfältig abmißt.

Marchal hingegen fand, daß die Cerceris mit der Brutalität eines Henkers vorgehen: sowie das Gehirn frei liegt, lecken sie begierig die aus der Wunde ausfließenden Säfte aus. Die Cerceris, stehen also in dieser Beziehung höchstens auf gleicher Stufe mit einem wilden Frettchen, das seinen Gegner an der Gurgel packt und ihm seine Lebenssäfte aussaugt. „Welche Organe ziehen nun durch die Halsgegend? Zunächst einmal das große dorsale, ganz oberflächlich gelegene, Blutgefäß, das sich in den Kopf fortsetzt, weiter der Darmkanal, der seinen Honig in die offene Wunde fließen läßt, wo er mit Blut vermengt einen köstlichen Leckerbissen für den Cerceris abgibt."

Marchal behauptet, daß die „egoistischen Interessen" den Ausgangspunkt des hier besprochenen Instinktes bilden. Auf Grund dieser Behauptung entspann sich zwischen ihm und Fabre ein sehr lebhafter Streit. Lieferten doch Fabres Beobachtungen einen schönen Beitrag zu dem Kapitel „Mutterliebe" bei den Insekten, es empörte ihn daher, daß diese angebliche „Mutterliebe" bei den Sphegiden einen „egoistischen Grund" haben soll. Zwar bestreitet Fabre nicht, daß die Cerceriden und Philantinen nach der Kompression des Gehirns, ohne welche die Lähmung der Beute nicht genügend lange anhielte, den im Kropf der Tiere enthaltenen Honig aussaugen und daß die Sandwespen aus dem Darmkanal der Raupe die darin enthaltene Salatbrühe auflecken — aber das geschieht nicht etwa aus Gefräßigkeit, sondern im Interesse der Larven, die Fleischfresser sind und die vom Genuß des Honigs oder der Salatbrühe sterben müßten!

Die Antwort ist zweifellos sehr geistreich und höchst charakteristisch für die finalistische und anthropomorphistische alte Tierpsychologie.

Je eingehender man die Tatsachen analysiert, um so mehr verliert der Instinkt der Sphegiden an Wunderbarkeit und wird auf „die natürlichsten Dinge von der Welt" zurückgeführt. Auch dieser Instinkt ist ein Konglomerat verschiedener Tätigkeiten, einfacher wie zusammengesetzter, und wir finden in ihm sowohl erblich übertragene wie individuell erworbene Elemente.

D. Mimikry.

Man hat früher ganz allgemein bei den Instinkten die finalen Gesichtspunkte zu sehr überschätzt. Die vorhergehenden Kapitel zeigten uns, daß die wissenschaftliche Analyse die Instinkte als Summe verschiedener — einfacher und komplizierter — Tätigkeiten dargetan hat, die unabhängig voneinander ererbt oder individuell erworben sind und sowohl nützlich als schädlich sein können. Selbstverständlich gibt es nur Instinkte, die mit dem Leben vereinbar sind. Aber wieviel Unnützes und Überflüssiges finden wir unter den vorhandenen!

Ein wichtiger Anteil an dem Sturz der finalen Theorien kommt der „Mimikry" zu. Bekanntlich versteht man unter Mimikry eine schützende Ähnlichkeit. Ein Tier nimmt Farbe oder Gestalt eines anderen Tieres oder eines Gegenstandes an, der den meisten Tieren gleichgültig ist oder gar von ihnen gefürchtet wird.

Nun gibt es zahlreiche Fälle von Mimikry, bei denen wir keinen Nutzen der Ähnlichkeit nachweisen können, derartig „geschützte" Tiere werden ebenso oft gefressen, wie andere „ungeschützte".

Vom psychologischen Standpunkt aus interessieren uns nur die Fälle von aktiver Mimikry: z. B. wenn ein Tier „Schreckstellungen" einnimmt, oder sich durch Maskierung mit anderen Gegenständen zu verstecken sucht.

Schreckstellungen. — In jüngster Zeit hat der russische Biologe Faussek[1] eine Arbeit über diese Schreckstellungen veröffentlicht. Während die meisten Tiere vor ihrem Feinde davonlaufen, bleiben manche Arten stehen und nehmen eine sogenannte „Schreckstellung" ein, d. h. die Tiere vergrößern durch Aufblasen ihres Körpers oder durch Ausstrecken der Beine, Haare, Stacheln, Federn und anderer Körperanhänge scheinbar oder wirklich ihre Dimensionen. Außerdem wird häufig auf ihrem Körper ein greller Farbfleck sichtbar.

Die russische Tarantel richtet sich beispielsweise in die Höhe, streckt ihre Beine aus und bietet dem Feinde ihre lebhaft gefärbte Bauchseite dar. Manche Skolopendren richten ihren Hinterleib in die Höhe. Die Schmetterlinge breiten ihre Flügel aus und zeigen deren glänzende Farben. Selbst bei den Fischen finden wir solche Schreckstellungen:

---

[1] Faussek, Travaux de la Société des Naturalistes de Saint-Pétersbourg, Bd. XXXVII, 1909.

die fliegenden Fische, die Knurrhähne, breiten ihre Brustflossen aus und zeigen deren bunte Färbungen. Der Erfolg dieser Schreckstellungen ist gewöhnlich der, daß die übrigen Tiere Reißaus nehmen, wenn das in Schreckstellung begriffene Tier vom Feinde gepackt wird.

Natürlich hat sich die idealisierende Einbildungskraft des Menschen dieser Tatsachen sofort bemächtigt. Das Tier, welches die Flucht ergreift, hat „Angst“, das andere, das sich in Schreckstellung stellt, will „Angst einjagen“. Faussek gibt uns z. B. folgende Schilderung: „Ein kleiner Seefisch, Blennius ocellaris, besitzt eine sehr lange und relativ hohe Rückenflosse, auf deren vorderem Teile ein großer, runder, dunkler Flecken in einem hellen Hofe steht, der sich von der übrigen grauen Flossenhaut deutlich abhebt. In der Ruhe liegt diese Flosse zusammengelegt auf dem Rücken. Sobald das Tier aber angegriffen wird, flieht es nicht etwa, wie die übrigen Blenniiden, die diese Fleckenzeichnung nicht besitzen, sondern sieht dem Feinde kühn ins Angesicht und entfaltet seine Fahne: durch seinen bloßen Anblick schreckt es den Feind.“

Auch die neuere Tierpsychologie wird sich mit diesem Verhalten beschäftigen müssen. Vermutlich wird sie da, wo die früheren Beobachter Furcht annahmen, bloß Äußerungen der Unterschiedempfindlichkeit sehen und wird leugnen, daß die Spinnen, Insekten, ja selbst die Fische, ihre Schreckstellungen in bewußter Absicht einnehmen.

Maskierung. — Wir dürfen natürlich nicht in den gegenteiligen Fehler verfallen und immer allzu einfache Erklärungen geben wollen. Hat man doch kürzlich versucht, die Maskierung der Krustaceen mit farbigen Algen als einen Tropismus hinzustellen!

Unter den Krustaceen besteht in ziemlich weiter Verbreitung die Angewohnheit, ihren Rückenpanzer mit allen möglichen Gegenständen zu bedecken.

Die lebhaft rot gefärbten Langusten des Golfes von Gascogne bereiten sich aus Sand und Speichel einen Zement, den sie mit ihren Hinterfüßen auf ihren Panzer bringen und an den Haaren des Rückenschildes befestigen. Die so maskierten Tiere heben sich kaum noch von dem Sande des Meeresbodens ab.

Auch andere Tiere, die auf dem sandigen Grunde dieses Golfes leben, zeigen die gleiche Gewohnheit, so z. B. Galatheiden, usw.

Die Einsiedlerkrebse verbergen ihren weichhäutigen Hinterleib in Schneckenschalen oder in Schwämmen. Dieser Fall ist jedoch so allgemein bekannt, daß ich nicht länger bei ihm zu verweilen brauche.

Viele Krebse maskieren sich entweder gleich den Langusten mit Sand oder sie bedecken ihren Körper ähnlich den Einsiedlerkrebsen mit irgendwelchen anderen Gegenständen. Sehr eigenartig ist das Verhalten der Wollkrabben oder Dromien. Man findet die Tiere in den Felsenspalten des Ärmelkanals, wo sie zusammen mit langgestreckten Algen, den Laminarien, leben. Bringt man Wollkrabben zusammen mit diesen Algen in ein Aquarium, so findet man sie bereits am ersten Abend bei der Arbeit, mit Hilfe ihrer Scheren kleine Algenstückchen abzuschneiden. Mit Hilfe ihrer kurzen Hinterbeine halten sie dann diese Algenfetzen über ihrem Rücken empor. Falls ein Stück zu breit ist und über den Rand des Rückenschildes hinausragt, wird es wieder heruntergenommen und das überflüssige Ende abgeschnitten. Dann hält das Tier es von neuem über sich. In dieser Weise schneidert sich die Krabbe ein Kleid zusammen, das nach Bedarf immer wieder erneuert wird.

Ganz ähnlich benehmen sich die Dorippiden, nahe Verwandte der Dromien. Eine Dorippe ergreift irgend einen beliebigen toten oder lebendigen Körper, hält denselben mit ihren Rückenbeinen schwebend über ihrem Rücken empor und stolziert so verkleidet einher. Ganz wahllos erfaßt sie Schalen, Aszidien, Krustaceen, Seesterne, Fischköpfe, Holz- und Glasstückchen, bringt überhaupt alles, dessen sie nur irgend habhaft werden kann, auf ihren Rücken. Oft passieren die komischsten Kampfszenen zwischen der „von ihrem Instinkt getriebenen" Krabbe und ihrem störrischen Opfer.

Auch die sich gewöhnlich sehr langsam einherbewegenden Meerspinnen, Maja, bedecken sich mit den verschiedensten Gegenständen: einige schleppen einen ganzen Wald von Algen, kleinen Bryozoenkolonien und Hydroidpolypenstöcken auf Rücken und Beinen mit sich herum, andere tragen Algen, Schwämme und Aszidien auf ihren langen Beinen, und wieder andere kleine Muscheln und Steine — kurz jedes Tier zeigt einen anderen und oft recht phantastischen Aufputz. Bisweilen entzieht es sich dadurch leichter unseren Blicken, oft ist aber gerade das Gegenteil der Fall, das Tier wird durch seinen Putz besonders auffällig.

Bereits 1889 gab Aurivilius eine Beschreibung der Maskierung. Wie so viele Bewegungen des Organismus, scheint sich auch der Maskierungsvorgang ganz automatisch zu vollziehen. Sehr bemerkenswert ist die Entdeckung dieses Autors, daß die Krabben bestimmte Farben „wählen". So nimmt eine Krabbe aus einer Umgebung, in der hauptsächlich rote Algen wachsen, nur diese zu ihrer Maskierung und verschmäht andersfarbige. Ist eine Krabbe bereits mit roten Algen bedeckt, so wählt sie zu ihrem Aufenthaltsort eine Umgebung, deren Farbe mit ihrer eigenen am meisten übereinstimmt.

Dieses Verhalten berechtigt uns jedoch noch keineswegs zu dem Schluß, daß die Krabben ein Farbenunterscheidungsvermögen besitzen. Diese scheinbare Wahl kann z. B. einfach durch Beleuchtungskontraste (Unterschiedsempfindlichkeit) bedingt sein. Man muß beim Arbeiten mit farbigen Lichtern ja auch stets zwei Faktoren berücksichtigen, die Intensität und die Nuance der Farbe. Vor allem muß man, um Irrtümer zu vermeiden, möglichst reine Farben verwenden.

Die Maskierung der Krabben ist jedenfalls kein Tropismus, sondern ein Konglomerat der verschiedensten Tätigkeiten, unter denen wir neben der Unterschiedsempfindlichkeit auch Assoziationen antreffen.

Beziehungen zwischen Blumen und Insekten. In mancher Hinsicht besitzt die Maskierung der Krabben Ähnlichkeit mit der Anziehung der Insekten durch Blumen.

Wir wissen auch heute noch nicht genau, welcher Anteil den Farben an der Anlockung der Insekten zukommt. Man hat vor allem bisher die Intensitäten der Farbennuancen nicht genügend berücksichtigt. Viele Biologen stehen noch heute auf dem Standpunkt, daß die Farben bei der Anziehung bedeutungslos sind, ich nenne nur die Namen Bethe und Plateau. Kerner v. Marilaun schreibt den „Kontrasten" große Bedeutung zu. Er weist darauf hin, daß die bunten Teppiche unserer Wiesen fast niemals alle Blütenfarben gleichzeitig aufweisen, meist finden wir auf grünem Grunde nur zwei Farben vorherrschen: weiß-rot oder blau-gelb oder violett-orange, wir treffen also meist nebeneinander die Komplementärfarben an.

Im Gegensatz hierzu halten andere Forscher mit reicherer Erfahrung die Anziehung der Insekten nicht für eine einfache Reaktion auf Beleuchtungskontraste, sondern diese Reaktionen sollen von sehr verschiedenen Empfindungen, in erster Linie von der Gesichtsempfindung abhängen, die sich im Laufe des individuellen Lebens untereinander zu Assoziationen verknüpfen. Diesen Standpunkt vertritt z. B. Forel. „Die Orientierung ist das Resultat der Erfahrungen der uns bekannten Sinne, sei es mehrerer zusammen, sei es eines einzigen, besonders aber des Gesichts- und Geruchssinns, sowie auch des Tastsinns, und je nach Fall und Spezies verschieden.“ Bei der Orientierung in der Luft herrscht der Gesichtssinn vor.

Auch in diesem Beispiele sehen wir, wie groß die Bedeutung der Assoziationen im Leben der Krustaceen und Insekten ist. Die Assoziationen, die sich im Laufe des individuellen Lebens entweder neu bilden oder doch vervollkommnen, sind sozusagen das Bindemittel, das die Überreste der anderen Tätigkeiten zusammenkittet, sie sind mit anderen Worten die Grundlage des Psychismus der Gliedertiere, dessen, was man ihre „Instinkte“ nennt.

E. Soziale Instinkte.

Man sagt heutzutage nicht mehr, daß Opium Schlaf erzeugt, weil ihm eine einschläfernde Kraft innewohnt. Diese Ausdrucksweise schmeckt gar zu sehr nach Mittelalter und Scholastik. Trotzdem erklärt man heute noch das soziale Leben der Instinkte dadurch, daß man ihnen einen „Instinkt der Geselligkeit“ zuschreibt.

Kürzlich protestierte Waxweiler[1], der Gründer des Soziologischen Instituts zu Brüssel, in einer beachtenswerten Schrift, die ich auch bei meinen Ausführungen benutze, gegen solche rein verbalen Erklärungen. „Unter dem Einfluß solcher Männer wie Verworn in Deutschland, Giard in Frankreich und Loeb in den Vereinigten Staaten, haben sich zahlreiche Forscher mit größtem Enthusiasmus auf die objektive Erforschung der ‚instinktiven' Handlungen geworfen. Die Zeit ist nicht mehr fern, in der das Wort ‚Instinkt' selbst aus der wissenschaftlichen Terminologie verschwinden wird, ebenso wie horror vacui aus der Physik und Lebenskraft aus der Physiologie verschwunden sind."

Das Wort „sozialer Instinkt" entspricht einer Summe von einzelnen Tatsachen, vermag aber diese natürlich nicht zu erklären, wir müssen daher die einzelnen Tatsachen untersuchen und ihren Verbindungen nachgehen.

Waxweiler und seine Schüler begannen ihre Untersuchungen an Pflanzen und niederen Tieren.

Pflanzengemeinschaften. — Es erschien notwendig, erst nach etwa vorhandenen „Pflanzengemeinschaften" zu suchen, damit man ihnen später die „Tiergemeinschaften" vergleichen konnte. Doch der Ausdruck „Pflanzengemeinschaften" wird nur allzuhäufig mißbräuchlich angewandt. Wie Pétrucci, ein Schüler Waxweilers, mit Recht betont, ist eine Gruppierung von Individuen noch keine Gemeinschaft. Von einer Gemeinschaft darf man erst reden, wenn sich zwischen den einzelnen Individuen dieser Gruppe eine Wechselwirkung entwickelt.

---

[1] Waxweiler, „Sur la modification des instincts sociaux". Société d'Anthropologie de Bruxelles 1907.

Oftmals sind Anhäufungen von Pflanzen an einer Stelle lediglich durch äußere Umstände, wie Beschaffenheit des Bodens, Klimas usw. bedingt, diese haben mit „Gemeinschaft" nicht das geringste zu tun.

Die kleinen Täler von Yport und Vaucottes, unweit von Fécamp, an der Küste des Ärmelkanals, die vor Wind und Wetter geschützt liegen, sind reich bewaldet, während die übrige Gegend im ganzen Umkreise kahl ist. Diese Waldungen verdanken ihre Entstehung natürlich nicht etwa einer gegenseitigen Anziehung der Bäume, sondern sie wuchsen dort, wo sie genügenden Schutz fanden. Ist ein solches Territorium nur klein, dann erscheinen die Bäume gruppiert. Andere Ansammlungen von Pflanzen auf einem begrenzten Bezirk könnten z. B. durch die Bodenbeschaffenheit bedingt sein.

Oft kann man auch beobachten, daß eine Pflanze von einer anderen gegen äußere Unbilden oder gegen Tiere geschützt wird. Die im Schatten großer Bäume wachsenden Kräuter haben keine Trockenheit zu fürchten, andere, die zwischen dornigen Sträuchern keimen, entgehen der Gefahr des Gefressenwerdens. Auf diese Weise kommt eine Vereinigung zwischen verschiedenen Pflanzen zustande, aber auch diese darf man noch nicht als Gemeinschaft ansprechen.

Dr. Laloy bezeichnete als „Pflanzengemeinschaften" in seinem Buche „Parasitisme et mutualisme" (1906) sogar Schlingpflanzen und Epiphyten. Man darf jedoch nicht eher von Gemeinschaft sprechen, ehe man nicht nachweisen kann, daß die Pflanze auf Reize von seiten der übrigen Individuen der gleichen oder der mit ihr vergesellschafteten Art reagiert. J. C. Bose, der 1906 in einem berühmt gewordenen Werke „Plant response" die

Reize beschrieben hat, auf welche die Pflanzen reagieren, hat nun aber nichts dergleichen beobachten können.

Ansammlungen von Tieren. Bei den niederen Tieren beobachtet man häufig Ansammlungen, die den bei den Pflanzen beschriebenen analog sind.

Wir wollen mit den kleinsten und einfachsten Tieren anfangen, mit den einzelligen Infusorien.

Wenn man Infusorien bei 40 bis 45 Grad Wärme hält, und dann einen Tropfen kaltes Wasser auf den Glasdeckel ihres Behälters fallen läßt, sammeln sich die Tiere sofort unter dieser Stelle an. Das Gleiche geschieht bei Zusatz von einem Tropfen Essigsäure oder einer Kohlensäureblase, die Tiere lagern sich dann in dichten Reihen um diese herum. Oft sieht man, wie sich spontan, scheinbar ohne äußere Ursache, zahlreiche Infusorien an einer Stelle zusammenfinden: sie erzeugen nämlich bei ihrer Lebenstätigkeit selbst Kohlensäure und sammeln sich nun an den Stellen, wo sich diese Kohlensäure gerade befindet, an.

Die Infusorien sammeln sich demnach, wie Waxweiler meint, nicht deshalb an, weil sie irgendwie sich gegenseitig beeinflussen, sondern lediglich auf Grund äußerer Faktoren.

Nehmen wir jetzt einmal höher organisierte Tiere, beispielsweise Regenwürmer. Den Anglern ist es wohl bekannt, daß man sie häufig in „Paketen" zusammen im Boden findet. Loeb dachte dabei an eine chemische Anziehung. Waxweiler und Dr. G. Bouché zeigten jedoch, daß die Würmer sich vollkommen indifferent einander gegenüber verhalten, und ihre Vereinigungen nur durch Temperatur und Feuchtigkeit, also durch äußere Bedingungen veranlaßt werden.

Soziales Leben der Ameisen. — Wenn wir auf Vereinigungen treffen wollen, die man als „soziales Leben“ bezeichnen kann, so müssen wir schon ziemlich hoch in der tierischen Stufenleiter, bis zu den höchstentwickelten Insekten hinaufsteigen.

Über das soziale Leben der Ameisen, Termiten und Bienen hat man ganze Bände geschrieben. An dieser Stelle kann ich nur kurz auf die neuen Gesichtspunkte betreffend Ursprung und Folgen des sozialen Lebens, die geeignet sind, auf den Entwicklungsgang des Psychismus und der Intelligenz einiges Licht zu werfen, eingehen.

Durch zahlreiche und, wie mir scheint, entscheidende Versuche hat Turner dargetan, daß die Ameisen nicht — wie Bethe meint — reine Reflexmaschinen sind: sie besitzen vielmehr ein „assoziatives Gedächtnis“, in dem die Gesichtsempfindungen überwiegen und sind daher fähig zu lernen und abgerichtet zu werden.

Die Analyse des sozialen Instinkts läuft also letzten Endes auch darauf hinaus, daß man den Anteil der Tropismen von dem Anteil der Assoziationen bei der Entwicklung des sozialen Lebens abgrenzt.

Miß Field fand (1901—1905), daß bei den Ameisen auch die Geruchsempfindungen eine wichtige Rolle spielen. Jeder Ameisenart kommt ein charakteristischer Geruch zu, der sich in jeder Altersstufe ändert. Der Eigengeruch einer Generation wird dieser nur von der Mutter und bloß indirekt vom Vater, nämlich durch die Großmutter, mitgeteilt, er ändert sich, speziell bei den Arbeiterinnen, mit dem Alter. Der Nestgeruch der Ameisen setzt sich also aus zahlreichen Einzelgerüchen zusammen. Die Ameisen sind ferner mit einem gut entwickelten Geruchsgedächtnis begabt. Gleichaltrige

Ameisen, die also alle den ihrem Alter entsprechenden Eigengeruch ausströmen, kommen einander selbst nach langer Trennung sehr freundschaftlich entgegen. Wenn Ameisen andererseits bei einer fremden Art mit abweichendem Nestgeruch gelebt haben, so begegnen sie noch nach langer Zeit den Ameisen der betreffenden Art sehr freundschaftlich.

Die „soziale Haltung" wird demnach durch Geruchserinnerungen bestimmt, und man kann eine Ameise denn auch täuschen. Setzt man z. B. eine fremde feindliche Ameise, die man vorher in eine aus den Nestgenossen der anderen Ameisenart bereitete Brühe getaucht hat, in ein Ameisennest, so wird der Eindringling nicht, was ohne diesen Kunstgriff unfehlbar der Fall gewesen wäre, angegriffen, sondern solange er den charakteristischen Nestgeruch ausströmt, freundlich aufgenommen.

Wir wollen jetzt einmal nach den Arbeiten von Wasmann, Emery, Wheeler u. a. die Entstehung eines Ameisennestes verfolgen.

Nach beendetem Hochzeitsfluge sinkt das befruchtete Weibchen zu Boden und begibt sich sogleich ans Eierlegen. Im einfachsten Falle erledigt sie die Eiablage unter einem Steine; den größten Teil der Eier (9 von 10) verwendet sie für sich als Nahrung, die übrigen „betreut" sie. Die zuerst ausschlüpfenden Arbeiterinnen füttern die Larven mit noch nicht ausgeschlüpften Eiern. Genau wie bei den niederen Tieren hat auch hier die Anhäufung der Individuen auf einer Stelle ihre Ursache in den günstigen Ortsbedingungen, die ihnen der schützende Stein gewährt.

Es kann aber auch vorkommen, daß das Weibchen nach dem Hochzeitsflug in einen Ameisenhaufen der gleichen Spezies hineinfällt; dann legt sie ihre Eier in dem

Nest ab und überläßt die Pflege der Larven den Arbeiterinnen des Nestes. Miß Field meint, daß die Pflege, welche die Ameisen den Larven angedeihen lassen, für deren Entwicklung ohne jede Bedeutung ist, sie tun es lediglich, weil sie durch das Belecken der Larven einen Leckerbissen für sich gewinnen. Sobald man ihnen das 7. und 8. Segment der Antennen, welche die Geschmacksempfindung vermitteln, abschneidet, zeigen sie sich gegenüber den Larven völlig indifferent.

Komplizierter liegt schon der Fall, wenn sich das befruchtete Weibchen zur Eiablage in das Nest einer fremden Spezies begibt, von der aufgenommen wird und deren Arbeiterinnen die fremden Larven und Eier betreuen.

Im allgemeinen sind die einfachen wie die zusammengesetzten Ameisenkolonien dadurch bedingt, daß die Tiere durch ihrer Entwicklung günstige Bedingungen an einem Platze zusammen gehalten werden. Das dauernde Zusammenbleiben wird durch ererbte oder erworbene Geruchsanziehungen vermittelt. Wir sehen, daß innerhalb einer solchen Kolonie jede Ameise zunächst ihre eigenen Bedürfnisse befriedigt. Selbst Turner, der die Reflextheorie Bethes so energisch zurückgewiesen hat, hält die Ameisen für unfähig ihre Handlungen zu koordinieren, und gibt an, daß eine Arbeitsteilung im gebräuchlichen Sinne des Wortes bei ihnen nicht vorhanden ist. Alle Beobachtungen, die man bisher in dieser Hinsicht zu machen geglaubt hat, beruhen, wie Waxweiler meint, „auf dem zufälligen Zusammentreffen individueller Handlungen“.

Wie sonderbar klingt der Ausspruch Espinas aus seinen „Sociétés animales“, wenn man ihn mit den Ergebnissen dieser sorgfältigen und kritischen Beobachtungen vergleicht: „Ein Ameisenhaufe ist ein einziger, wenn auch diffuser Gedanke".

Soziales Leben der Bienen. — Bei dem Bienenstaat bezeichnet man diesen „einzigen Gedanken" auch als „Geheimkomitee", „geheime Leitung" oder „Intelligenz des Stockes".

Gaston Bonnier,[1] der dies mit Vorliebe tut, beschreibt unter anderem folgenden merkwürdigen Versuch. Er befestigte ein Endchen Bindfaden in dem Bienenstock. Alsbald stürzten die „reinmachenden" Bienen auf den Faden los und bissen so lange an dem befestigten Ende herum, bis der Faden endlich zu Boden fiel. Darauf zogen ihn fünf bis sechs Arbeiterinnen auf die Plattform vor den Eingang heraus, dort stellten sie sich in annähernd gleichen Abständen voneinander auf, faßten den Faden zwischen ihre Mandibeln und flogen mit ihm davon. Einige Meter vom Stock entfernt, ließen sie ihn zu Boden fallen.

Diese Handlung soll, wie Bonnier meint, aus gemeinsamer Überlegung hervorgegangen sein.

Er gibt an, daß bei den Bienen eine regelrechte Arbeitsteilung stattfindet. Am Morgen sind alle Arbeiterinnen „Sammlerinnen", am Nachmittag sondern sie sich in einzelne Gruppen, von denen jede besondere Wege und Aufgaben erfüllt. Diese Organisierung der Arbeit soll auf die bewundernswürdigen Anordnungen des Geheimkomitees zurückgehen, das die Angelegenheiten des Stockes leitet, sie ist eine Manifestation der Stockintelligenz.

Noch ein weiteres Beispiel, das Bonnier zur Stütze seiner Hypothese anführt, mag hier Platz finden. An

[1] G. Bonnier, „Le raisonnement collectif des abeilles". Revue scientifique 1908.

einem Nachmittage, als alle Bienen mit der Ausführung ihrer besonderen Aufgaben beschäftigt waren, stellte er in seinem Garten, an einer Stelle, wo sich keine einzige von Bienen besuchte Pflanze befand, ein Strauß von zehn blühenden Zweigen auf. Da die Zweige in Wasser standen, erzeugten die Blüten reichlichen Nektar. Am selben Tage kam nicht eine einzige Biene herangeflogen, am nächsten Morgen jedoch, als der Strauß von einer der „Sucherinnen" entdeckt wurde, strömten sofort Bienen in großer Zahl hinzu.

Man hat behauptet, daß die Bienen sich in einer bereits begonnenen Tätigkeit durch nichts stören lassen, sei der Beweis des kritiklosen Gehorsams, mit dem ein Befehl des „Geheimkomitees" befolgt werde, oder ein Zeichen ihrer auf ein Ziel konzentrierten „Aufmerksamkeit".

In all diesen Vorgängen steckt noch sehr viel Geheimnisvolles, hoffen wir, daß die experimentelle Analyse auch hier Klarheit bringen wird.

Vor einigen Jahren versuchte Netter in seinem Bericht an die Akademie der Wissenschaften die Handlungen der Bienen auf reine Reflexakte zurückzuführen. „Dieser Autor", sagt Bonnier, „nimmt beispielsweise an, daß sich die „Hüterinnen" eines Stockes nur infolge ihrer Reizbarkeit auf Wespen, Drohnen oder andere Feinde losstürzen, weil sie reflexmäßig alles angreifen, was in lebhafter Bewegung begriffen ist. Die Arbeiterinnen, welche sich in Reihen aufstellen und regelmäßig mit den Flügeln schlagen, um durch den Luftzug den Wasserüberschuß aus dem Nektar verdunsten zu lassen, sind nach seiner Auffasung einfach Bienen, die das Bedürfnis haben zu atmen, und ganz zwecklos und mechanisch mit ihren Flügeln schlagen." Auch die Reinigungsarbeiten sollen lediglich durch die Reizbarkeit bedingt sein. Bonnier protestiert lebhaft gegen diese Auffassung und führt als Beweis seinen bereits erwähnten Bindfadenversuch an. Ich möchte dazu bemerken, daß man bei vielen, selbst niederen Tieren solche „ansteckende Bewegungen“ findet: der Anblick einer gewohnten Bewegung löst in dem anderen Tiere gleich dieselbe Bewegung aus — es ist dies wie der erste Anfang der Nachahmungsfähigkeit, die wir bei höheren Tieren antreffen und dieser wird hinreichend durch die Assoziationsgesetze erklärt. Später werden wir sehen, daß es mit der angeblichen „Aufmerksamkeit“ der Insekten eine ganz ähnliche Bewandtnis hat.

So ist aus den ursprünglich nur zufälligen Ansammlungen der Insekten eine soziale Gemeinschaft geworden, dank wechselseitiger Anziehungen (speziell Geruchsattraktionen), die sich zwischen den Individuen einer Spezies herausgebildet haben. Das soziale Leben kann vornehmlich bei den Bienen viele „ansteckende Bewegungen“ hervorrufen, vielleicht auch einen kollektiven Psychismus, der uns vorläufig noch ganz rätselhaft ist und erst durch eine sorgfältige experimentelle Analyse der Tätigkeiten geklärt werden kann.

F. Der Instinkt in der neuen Psychologie.

Die Bezeichnung „Instinkt“ wird in der Literatur in ganz verschiedener Bedeutung angewendet. „Wenn man vom Instinkt spricht, so besteht“, wie Ribot hervorhebt, „die erste Schwierigkeit schon darin, daß man einander auch wirklich versteht.“

Die Vertreter der neuen Psychologie verhalten sich dem Wort und Begriff Instinkt gegenüber sehr verschieden.

Die einen möchten diesen Begriff am liebsten ganz abschaffen, weil nach ihrer Meinung das Wort Instinkt einen ganz unklaren Inhalt hat. Andere sind dafür, das Wort beizubehalten, wollen aber seine Bedeutung eindeutig festlegen. Wieder andere endlich wollen dem Worte seine weite Bedeutung lassen, verlangen aber, daß in jedem Einzelfalle die experimentelle Analyse des ganzen Vorgangs durchgeführt werde.

Ich habe bereits die radikale Stellung Waxweilers angeführt, der schon den Augenblick kommen sieht, in dem der Instinkt aus der wissenschaftlichen Terminologie verschwinden wird, wie einst der horror vacui und die Lebenskraft daraus verschwanden.

Mir persönlich ist dieser Standpunkt sehr sympathisch. In meinem Buche „Die Entstehung des Denkvermögens" bin ich auch energisch gegen den Instinkt vorgegangen. In der Tat liegt jedoch die Gefahr nicht darin, daß man sich eines Wortes bedient, sondern daß man nicht weiß, welchen Sinn man mit diesem Worte verbindet und es trotzdem als Erklärung ausgeben will.

Zu den Forschern, die dem Worte Instinkt einen ganz präzisen Inhalt verleihen wollen, gehört vor allem Claparède. Seine Definition lautet: „Der Instinkt ist eine zweckmäßig angepaßte Handlung, die ohne erlernt zu werden, von allen Individuen der gleichen Spezies auf gleiche Weise verrichtet wird, ohne daß das Tier von dem Zweck der Handlung oder der Beziehung zwischen dem Zweck und den zur seiner Erreichung angewandten Mitteln Kenntnis besitzt." In kürzerer Fassung haben andere Forscher den gleichen Gedanken formuliert, indem sie sagen: „Der Instinkt ist eine zweckmäßige, ererbte Gewohnheit, ohne Kenntnis des Zweckes".

Doch auch in dieser Definition sind die einzelnen Ausdrücke durchaus nicht einwandfrei. Jeder Forscher, der sich mit der Beobachtung niederer Tiere beschäftigt, gerät sofort in größte Verlegenheit, wenn er sagen soll, ob irgend eine beliebige Handlung dieser Tiere zweckmäßig sei oder nicht. Die Handlungen der Tiere sind ebenso unvollkommen wie ihre Organisation — wir leben heute nicht mehr zu einer Zeit, in der man die Harmonie der Natur einschränkungslos pries. Wir sind auch absolut nicht in der Lage zu sagen, ob eine Handlung bewußt oder unbewußt geschieht; das Bewußtseinsproblem liegt außerhalb des Bereiches wissenschaftlicher Forschung; darüber sind sich alle Vertreter der neuen Tierpsychologie einig.

Was nun den Ausdruck Gewohnheit angeht, so ist er ganz und gar unzureichend, da wir ja gesehen haben, daß Gewohnheiten sich auf den verschiedensten Wegen bilden können. So bleibt das Wort erblich als einziges, das einer objektiven, der Erforschung zugänglichen Realität entspricht. Wir müssen daher zunächst den Anteil der Vererbung an den sogenannten „Instinkten" feststellen.

Verschiedene englische Forscher führten schon vor längerer Zeit den Instinkt nur auf individuell erworbene Erfahrungen und Überlegungen zurück. Ich nenne in erster Linie Alexander Bain und Alfred Russel-Wallace, den berühmten Jünger Darwins. In dem Buche „Die Sinne und die Intelligenz" entwickelt Bain seine Assoziationstheorien, und sucht zu beweisen, daß die instinktiven Handlungen alle auf erworbenen Elementen beruhen. Wallace ist ebenfalls der Ansicht, daß die instinktiven Handlungen individuell erlernt werden, ein

Schluß, den er aus seinen Beobachtungen über den Bau der Vogelnester zieht. Man behauptet gewöhnlich, daß jeder Vogel das für seine Spezies charakteristische Nest baut, auch wenn er nie ein solches Nest gesehen hat. Das wäre in der Tat ein Instinkt, d. h. eine ererbte Gewohnheit. „Bisher nahm man diese mit Rücksicht auf die Entscheidung unseres Problems so überaus wichtige Hypothese stets ohne Beweis, ja sogar trotz zahlreicher Gegenbeweise, ruhig hin. Vögel, die in Gefangenschaft geboren werden, bauen z. B. keineswegs das charakteristische Nest ihrer Spezies, selbst dann nicht, wenn man ihnen das nötige Material zur Verfügung stellt. Oft schichten sie einfach die ganzen Materialien zu einen ungeformten Haufen zusammen, ohne überhaupt ein eigentliches Nest zu bauen". „Auch der Gesang der Vögel, den man stets für einen Instinkt hielt, hat sich nicht als solcher erwiesen. Wie Versuche zeigten, lassen junge Vögel, die niemals den Gesang von Artgenossen gehört haben, diesen auch nicht ertönen, wohl aber ahmen sie sehr leicht den Gesang anderer Vögel, mit denen sie zufällig zusammen leben, nach."

In diesen Fällen handelt es sich freilich um höhere Wirbeltiere, bei denen der Instinkt überhaupt nicht in seiner Reinheit zutage tritt, sondern weitgehend durch intellektuelle Vorgänge beeinflußt werden kann.

Die „Instinkte" bilden, nach Bergson, den Psychismus der Gliedertiere. Nun haben wir aber bei der Analyse der Instinkte gesehen, daß sie aus den verschiedensten Elementen zusammengesetzt sind, aus ererbten und individuell erworbenen, aus relativ einfachen (Tropismen, Unterschiedsempfindlichkeit) und komplizierteren (Assoziationen).

Unsere Analyse erstreckte sich auf 1. das „Sichtotstellen“, 2. „die Rückkehr ins Nest“, 3. den „Instinkt der Mordwespe“, 4. „die Maskierung“, 5. „die sozialen Instinkte“.

In dem ersten Instinkt, dem Sichtotstellen, zeigte uns unsere Analyse nur Äußerungen der Unterschiedsempfindlichkeit, die durch die Gesetze des chemischen Gleichgewichts regiert werden. Meistens erfolgt die Erstarrung des Körpers und seiner Anhänge auf einen beliebigen äußeren Reiz hin, wobei die Beine in ausgestreckter oder angezogener Stellung fixiert werden — mit einem Wort, es bedarf keines spezifischen Reizes.

Bei der Rückkehr ins Nest müssen wir dagegen unbedingt die Mitwirkung von Assoziationen annehmen. Das Tier läßt sich von Merkzeichen leiten, von Assoziationen mehrerer Empfindungen, unter denen der Gesichtsempfindung der wichtigste Anteil zukommt. Es sind dies ganz neuartige Lebenstätigkiten, die wir bei den niederen Tieren — zum mindesten in dieser Ausbildung — nicht antreffen. Auch hat man ein niederes Tier z. B. noch nie dahin gebracht, sich in einem Labyrinth zurechtfinden zu lernen.

Die Assoziationen treten also ergänzend und vervollkommnend zu den ursprünglicheren Tropismen und der Unterschiedsempfindlichkeit hinzu; der Instinkt der Rückkehr ins Nest ist demnach aus diesen drei Elementen zusammengesetzt. Auch die individuelle Erfahrung ist zu berücksichtigen. Weniger deutlich ist der Anteil der Vererbung, denn man kann nicht wohl sagen, ein Instinkt sei ererbt, wenn er gar nicht existieren würde ohne individuelle Erlernung. Es gibt jedoch gewisse Fähigkeiten der lebenden Substanz, die erblich sind, und diese muß man auch bei den Elementen des Instinkts in Rechnung ziehen.

Ein gebieterisches Bedürfnis aller Individuen ist die Befriedigung des Hungers. Bei den Insekten scheint das individuelle Lernen bei dem Aufsuchen und der Auswahl der Beute noch keine nennenswerte Rolle zu spielen, ja genau genommen darf man bei ihnen gar nicht von „suchen“ und „wählen“ sprechen. Meist stürzt das Insekt wahllos auf jeden sich bewegenden Gegenstand los, zerreißt ihn, wenn es dies vermag und hält erst inne, wenn es „unangenehme“ Empfindungen verspürt. Diese Handlungsweise ist eine Reaktion der Unterschiedsempfindlichkeit, ein Zwang der Vergangenheit, den man schon bei ganz jungen Tieren beobachtet und dem das ältere Tier zwangsmäßig unterliegt. Allerdings ist das Insekt imstande, sich von dieser Sklaverei frei zu machen. Eine Spinne, die man mehrfach dadurch getäuscht hat, daß man ihr eine in Terpentin getauchte Fliege anbot, stürzt sich nach dieser Erfahrung erst dann wieder auf eine neue Fliege los, wenn ein bestimmter Empfindungskomplex realisiert ist. Aber erst die Ausbildung des wunderbaren Assoziationsapparates, des Gehirns, befähigt die Tiere — Vögel oder Säugetiere — sich wirklich von diesen Trieben zu befreien und ihre Beute frei zu suchen und auszuwählen.

In dem Instinkt der Mordwespe, der wohl das komplizierteste unserer Beispiele war, müssen wir ererbte Assoziationen annehmen, aber diese werden nur unvollkommen ererbt und müssen erst durch individuelles Lernen des Tieres vervollkommnet werden.

Viele Tiere haben die Tendenz, Empfindungskomplexe, die ihnen am gewohntesten sind, um sich herum zu realisieren. Diese Tendenz ist ebenfalls der Ursprung mehrerer Instinkte. Die Rückkehr zum Nest, die mimetische Maskierung und die sozialen Verbände entstehen größtenteils aus dem assoziativen Gedächtnis und aus assoziativen Gewohnheiten.

Zusammenfassung.

Die Instinkte sind demnach Komplexe von teils einfachen, teils komplizierten, teils ererbten, teils individuell erworbenen Tätigkeiten, die alle bedingt sind von den diversen — mehr oder minder selbständig vererbbaren — Eigenschaften der lebenden Substanz.

Auch über den morphologischen Bau der Organismen hat man heute die gleichen Vorstellungen.

Die Mendelschen Regeln, aus denen sich diese Auffassung ableitet, erobern ein immer ausgedehnteres Feld der Biologie und führen zu einer immer geringeren Einschätzung der Selektionstheorie.

Ein Organismus ist kein Gebilde, das für einen bestimmten Zweck verfertigt worden ist, es setzt sich aus den verschiedensten, voneinander unabhängig ererbten Eigenschaften zusammen, von denen manche nützlich, manche indifferent, ja manche sogar schädlich sind. Es gibt sogar recht schlecht angepaßte Organismen.

Wenn der Selektion wirklich die ihr zugeschriebene Bedeutung zukäme, so könnte es derartige Fälle nicht geben. Wir finden denn auch über diesen Punkt selbst unter den Forschern, die an die Allmacht der Naturzüchtung glauben, keine Einstimmigkeit. Viele behaupten, daß eine Selektion zwischen den Individuen einer Spezies wohl stattfindet, daß sie aber nicht nützliche Variationen, fixiert, sondern nur alle erheblicheren Abweichungen vom Mittel unterdrückt. Die Selektion dient also nicht zur Entwicklung, sondern zur Erhaltung der bestehenden Verhältnisse. Andere wieder nehmen an, daß die Selektion nur zwischen verschiedenen Arten, nicht aber zwischen Artgenossen selbst wirkt.

Anscheinend befindet sich die Selektionstheorie auch auf dem Gebiete der Bewegungen — ich erinnere an die bei niederen Tieren aufgestellte Theorie der Versuche und Irrtümer — im Niedergang. Höchstwahrscheinlich wird auch die Bedeutung, die der Selektion bei der Bildung der Instinkte zukommt, noch sehr überschätzt. Ehe man diese Tatsachen durch Selektion erklärt, müßte man sie viel gründlicher analysiert haben. In richtiger Erkenntnis haben denn auch Holmes, E. Bouvier und P. Marchal diesen Weg eingeschlagen, und dank ihrer genaueren Analyse haben auch die Instinktshandlungen bereits viel von ihrem wunderbaren, man möchte sagen, fast übernatürlichen Nimbus eingebüßt. Wir dürfen nicht vergessen, daß den Tieren der wunderbare Assoziationsapparat, den das Gehirn der Wirbeltiere darstellt, und der erst „Aufmerksamkeit", „Nachahmung", „Abstraktion", „Überlegung" und „Intelligenz" ermöglicht, noch fehlt.

Es gibt freilich nicht wenig Forscher, welche trotzdem alle diese Eigenschaften auch bei Insekten entdeckt zu haben glauben. Die Bienen sollen, wie wir hörten, ihre Aufgaben mit solcher Aufmerksamkeit erledigen, daß sie sich durch nichts zerstreuen lassen, und ein ähnliches Verhalten wird auch den nicht sozial lebenden Insekten zugeschrieben. Nun ist es ja eine ganz allbekannte Tatsache, daß Insekten und Krustaceen die Neigung zeigen, in einer angefangenen Tätigkeit unter allen Umständen fortzufahren. Ich führe einige Auszüge aus einer interessanten russisch geschriebenen Arbeit von Faussek an, die, obgleich nicht mehr neu (1899), doch sehr wenig bekannt ist. Eine Biene oder Wespe, die gerade Honig saugt, setzt ihre Beschäftigung ruhig fort, selbst wenn man ihr die ganze hintere Körperpartie abschneidet. Ebenso lassen sich Fliegen oder Wespen in ihrer Arbeit nicht stören, wenn man ihnen den Kopf abschneidet. Auch eine geköpfte Grabwespe gräbt unbeirrt weiter und eine in zwei Teile geschnittene Ameise setzt ruhig ihre Arbeit fort. Faussek zieht aus diesen Versuchen den richtigen Schluß, daß die Insekten ein sehr wenig zentralisiertes Nervensystem besitzen. Haben wir dann aber überhaupt noch ein Recht, von Aufmerksamkeit zu sprechen? Die Aufmerksamkeit ist eine psychische Fähigkeit, die an die Entwicklung eines Gehirns gebunden ist, sie ist gewissermaßen die Erwartung eines Eindruckes, der erst kommen soll, also etwas anderes oder doch jedenfalls mehr als die bloße Konzentration auf einen momentanen Eindruck. Ich glaube deshalb nicht, daß die Biene Aufmerksamkeit besitzt, ja ich glaube vielmehr, daß die inneren Empfindungen welche eine Tätigkeit begleiten, das Tier verhindern, äußere Reize zu finden.

Die sogenannte „Aufmerksamkeit“ und „Abstraktionsfähigkeit“ der Insekten ist demnach nur eine Folge ihrer unzulänglichen Assoziationstätigkeit, während die gleichen psychischen Qualitäten der Wirbeltiere durch ihre besonders vollkommene und komplizierte Assoziationstätigkeit hervorgebracht werden.

Um die Handlungsweise eines Insekts zu verstehen, nützt es uns also gar nichts, wenn wir den Menschen kennen.

Dritter Teil.

Analyse der psychischen Vorgänge bei den Wirbeltieren.

Bei den Wirbeltieren erlangen die psychischen Vorgänge, dank der Entwicklung des Gehirns, eine außerordentliche Kompliziertheit. Wir können bei ihnen nicht mehr von Tropismen und den elementaren Formen der Unterschiedsempfindlichkeit sprechen, da es unmöglich ist, diese aus der Totalität der psychischen Vorgänge zu isolieren. Das Gedächtnis entwickelt sich in eminentem Maße, infolgedessen verliert der Chemismus seine ursprüngliche Einfachheit: jede Erinnerung, jeder Gedanke, vermag bei dem Tiere neue Formen von Reizbarkeit zu erzeugen.

Wenn nun das Aufsuchen der primitiven Funktionen, der Tropismen und der Unterschiedsempfindlichkeit, in dem Psychismus der Wirbeltiere mit allzu großen Schwierigkeiten verknüpft ist, so wollen wir wenigstens den Versuch machen, die neu hinzugekommenen Fähigkeiten aufzuzeigen.

Zu diesem Zwecke bedient man sich zweier Methoden, der anatomischen und der physiologischen.

I.

Anatomische Methoden.

Schon seit alten Zeiten versucht man durch eingehendes Studium des Gehirns die Geheimnisse der Ideenbildung zu erforschen. Demokrit und Anaxagoras machten bereits 3000 Jahre v. Chr. Hirnsektionen, und später führten Vicq d'Azyr und viele andere Zeitgenossen Cuviers in gleicher Absicht derartige Sektionen aus. Doch leider brachte selbst die genaueste anatomische Untersuchung des Gehirns den Psychologen meist nur Enttäuschungen. Dadurch entstand bei vielen die falsche Vorstellung, daß den Hirnbildungen überhaupt keine besondere Bedeutung zukäme, sondern daß es sich nur um zufällige Verschiedenheiten handele. Infolgedessen könne die Psychologie von der Anatomie keine Aufschlüsse erwarten.

Zu dieser Auffassung bekannte sich unter anderen Goethe. Auch J. Loeb[1] schließt sich ihr aus Gründen an, die ich mit seinen eigenen Worten anführen will: „Die Lektüre der Schriften der Willensmetaphysiker regte mich zur experimentellen Analyse der Natur des Willens an. Als mir in meinen ersten Studentenjahren Munks Untersuchungen über die Großhirnrinde in die Hände fielen, glaubte ich, daß hier ein Ausgangspunkt zu meinem Ziele vorliege. Munk gab an, daß es ihm gelungen sei, zu zeigen, daß jedes Erinnerungsbild eines Hundes in einer besonderen Zelle oder Gruppe von Zellen lokalisiert sei, und daß es experimentell gelinge, einzelne dieser Er-

[1] J. Loeb, „Die Bedeutung der Tropismen für die Psychologie", 1909.

innerungsbilder nach Belieben auszuschalten. Fünf Jahre lang fortgesetzte Versuche mit Exstirpationen in der Großhirnrinde zeigten mir zweifellos, daß Munk das Opfer eines Irrtums geworden war, und daß die Methode der Großhirnoperationen wesentlich nur anatomische Resultate zutage fördern kann, indem sie uns Aufschlüsse über die Verbindungen der Nerven im Zentralnervensystem gibt; daß diese Methode aber so gut wie nichts über die Dynamik der Gehirnvorgänge aussagt".

Zu ganz analogen Schlußfolgerungen gelangt auch Bergson in seinem „Matière et mémoire".

Die Theorie der Hirnlokalisationen hat viele Wechselfälle durchmachen müssen. Kürzlich hat Francois Moutier,[1] ein Schüler von Pierre Marie, ihre Geschichte in einer wichtigen Arbeit über die Brocasche Aphasie dargestellt. Im Jahre 1862 schreckte Broca noch davor zurück, aus seinen Untersuchungen Schlüsse zu ziehen, er ließ sich von der herrschenden Meinung mitreißen, deren geistiger Führer Bouillaud und seine Schule waren. Zu jener Zeit tobte der Kampf zwischen Spiritualismus und Materialismus besonders heftig. „Die Spiritualisten erklärten es für einen Frevel an der Würde der Menschenseele, daß man psychische Vorgänge an irgendwelche Punkte der Großhirnrinde verlegte, und an die Materie band. Andererseits kann man sich ungefähr vorstellen, mit welcher Schärfe die Neueren ihre Lokalisationstheorie verteidigten, die ihrer Meinung nach dazu berufen war, die antike Philosophie in ihren Grundfesten zu erschüttern."

Auch in diesem Falle ließen sich die Gelehrten durch

---

[1] Fr. Moutier, „L'Aphasie de Broca". Paris 1908.

menschliche Leidenschaften irreführen und schufen das Dogma von den Hirnlokalisationen.

Aber schon 1874 wies Wernicke darauf hin, daß die Dinge keineswegs so einfach liegen, wie Broca gemeint hatte. Nach und nach gewann der Begriff der Assoziationszentren eine stetig wachsende Bedeutung. Im Gehirn sind, wie M. Matisse in einem kürzlich erschienenen Buche ausführt, „kleine Laboratorien oder Werkstätten, in denen die verschiedenen Empfindungen und die Antriebe zu willkürlichen Bewegungen ausgearbeitet werden"; doch die Empfindungen liefern bloß Rohmaterialien für die Geistesfabrik, sie sind noch keineswegs Gedanken; zwischen den eigentlichen Perzeptionsfeldern liegen ausgedehnte Territorien, innerhalb deren sich die einzelnen Empfindungen verknüpfen, kombinieren und assoziieren.

Pierre Marie und seine Schüler schränkten die Bedeutung der Lokalisationstheorie noch weiter ein. Die Brocasche Aphasie ist, wie sie annehmen, aus zwei verschiedenartigen Krankheitsbildern zusammengesetzt: der Anarthrie und Aphasie Wernickes. Anarthrie ist das Unvermögen, Worte zu artikulieren, auszusprechen, die Aphasie Wernickes ist charakterisiert durch eine allgemeine Störung der Intelligenz und einen besonderen sprachlichen Intelligenzdefekt. Erst das Zusammenwirken aller Gehirntätigkeiten erzeugt das Denken und die Intelligenz.

Doch kehren wir zur Tierpsychologie zurück.

Edinger[1] versuchte zu zeigen, daß man aus bestimmten anatomischen Daten einen Schluß auf die psy-

---

[1] Edinger, „Über Tierpsychologie". 1908.

chischen Fähigkeiten der Wirbeltiere ziehen kann. So kann die Größe und Entwicklung des Riechlappens uns über den Geruchssinn des betreffenden Tieres Aufschluß geben. Das Chamäleon, das die Beute wesentlich mit den Augen sucht, hat einen minimalen Riechlappen, während die nahe verwandten Eidechsen enorme Riechlappen besitzen. Für die Vögel wird immer bestritten, daß sie riechen, aber die Anatomie weist nach, daß sie — wenn auch reduzierte — Riechlappen besitzen. Dieser Befund stimmt mit den Beobachtungen überein, daß Geier und Adler von verdeckt liegendem Wild angelockt werden, daß Raben verwesende Tiere, auch wenn sie tief vergraben oder verschneit sind, finden. Rothe sah in Litauen bei 24 Grad, wie Seeadler hoch mit Schnee bedecktes, gefallenes Wild entdeckten. Zahlreiche Tiere finden Würmer, die mehrere Zentimeter unter dem Erdboden vergraben sind, und ebenso tauchen die Enten unter Wasser, um mit gefülltem Schnabel zurückzukehren.

Edinger beobachtete bei Vögeln ein besonderes Hirnzentrum, den Lobus parolfactorius, der in dem Trigeminusendkerne entspringt. Auch bei den Chamäleontiden, die ihre Nahrung durch Auswerfen ihrer Zunge fangen müssen, findet man dieses Zentrum, und Edinger schließt aus seinem Vorhandensein auf einen neuen Sinn, den Oralsinn, der dem Menschen fehlt, bei Affen und Wiederkäuern wenig entwickelt ist, beim Igel, Schwein und Elefanten jedoch bereits erhebliche Bedeutung erlangt.

Interessant sind die Variationen der Kleinhirngröße: bei einigen sedentären Formen ist das Kleinhirn restlos verschwunden, bei schwachen Schwimmern (Aal, Flunder) nur klein, bei den großen Fliegern und Schwimmern enorm.

Das Gehirn der höheren Wirbeltiere entsteht durch das Hinzutreten ganz neuer Teile (Neencephalon) zu dem Palaeencephalon der niederen Wirbeltiere. Die Edingerschen Arbeiten bringen gerade über die Vervollkommnung der tierischen Handlungen, die durch das Auftreten des Neencephalon bedingt und ermöglicht sind, viel Neues.

Eines der auffallendsten Beispiele für die Vervollkommnung der Handlungen durch das Auftreten des Neencephalon bietet die Nahrungsaufnahme der Tiere. Die niederen Wirbeltiere, Fische und Batrachier, verhalten sich wie die Wirbellosen: sie werden nur durch bewegte Körper zum Zuschnappen veranlaßt, und wenn die Beute ihnen entschwindet, verfolgen sie sie nicht. Ein Frosch packt einen Regenwurm nur, wenn er kriecht, eine Fliege nur, wenn sie sich bewegt, etwa sich putzt. Man kann ihm einen Wurm über die Schnauze legen, ohne daß ihn das zum Fressen veranlaßt, aber sowie der Wurm kriecht, wirkt er als Reiz: „Der kriechende Wurm veranlaßt zunächst via Opticus, vielleicht auch via Acusticus, eine Drehung des Kopfes, kriecht er weiter, addiert sich also ein neuer Reiz, so treten die Rumpfwender in Aktion, der Kopf senkt sich und wenn der Wurm sich noch weiter bewegt, erfolgt endlich das Zuschnappen. Hat das Tier, wie es häufig vorkommt, die Beute verfehlt, so schnappt es keineswegs sofort wieder, vielmehr muß der Wurm erst wieder kriechen, und die ganze Reihenfolge der Reflexe wieder auslösen.“ Auch zahlreiche Reptilien verhalten sich noch ganz so wie der Frosch, doch bereits eine Schlange, die durch eine laufende Maus oder einen springenden Frosch angeregt ist, verfolgt deren Spur mindestens eine Zeitlang und weiß unter mehreren Löchern dasjenige zu finden, in welchem sich die Beute verkrochen hat. Schildkröten kann man dazu bringen, daß sie auf Klopfen zum Futter kommen. Diese Vervollkommnungen sind darauf zurückzuführen, daß bei den Reptilien das Neencephalon eine gewisse Bedeutung zu gewinnen beginnt. Bei den Vögeln erlangt die Entwicklung der Rinde schon eine höhere Vervollkommnung als bei den Reptilien, auch werden die „instinktiven" Handlungen besonders mannigfaltig und reichhaltig. Die Vögel sehen und erkennen ausgezeichnet und scheinen auch feste Erinnerungsbilder zu haben. So vermeiden sie noch nach zwei Jahren Fallen, in die sie einmal hineingeraten waren, sie unterscheiden Jäger von Holzhauern, lernen auf einen Lockruf heranzukommen, und verfügen über zahlreiche Möglichkeiten der Nahrungssuche. Man braucht aber nur, wie Schrader an einem Falken zeigte, den Vögeln die Hirnrinde wegnehmen, so verhalten sie sich wie die Frösche, nämlich „palaeencephalisch". Ein solcher Vogel fängt nur laufende Mäuse, findet sie aber nicht, wenn sie sich unter seinem Flügel verkrochen haben.

Wir sehen also, daß die psychologische mit der anatomischen Entwicklung Hand in Hand fortschreitet, und daß wir aus anatomischen Daten in der Tat Schlüsse auf das geistige Leben ziehen können.

Wir dürfen aber nicht vergessen, daß auch die Fische, die noch kein Neencephalon besitzen, lernen können. Sie lernen einen neuen Sinneseindruck mit einem Bewegungseindruck verbinden, wir treffen bei ihnen auf ein „Bilden von Relationen", während bei den neencephalen Tieren ein „Knüpfen von Assoziationen" stattfindet. Von früher her wissen wir ja schon, daß es verschiedene Arten des Lernens gibt.

II.

Experimentelle, analytische und synthetische Methoden.

Kürzlich versuchte Claparède[1] eine Klassifikation der verschiedenen Methoden anzugeben, die in der Tierpsychologie, speziell beim Studium der höheren Wirbeltiere, angewendet werden.

Während früher die Beobachtung den größten Raum einnahm, bedient man sich jetzt fast nur noch des Experiments, man will nicht bloß wissen, was das Tier tut, sondern auch was es zu tun fähig ist.

Claparède geht die analytischen und synthetischen Methoden, die man zur Erforschung der Empfindungen anwendet, durch; die Reaktionen sind entweder direkte oder Wahlreaktionen (Bevorzugung), oder indirekte Reaktionen, und diese können wiederum natürliche, angeborene, reflektorische oder durch Dressur erworbene sein.

Nach meiner Ansicht ist diese Einteilung etwas zu künstlich. Nicht alle natürlichen Reaktionen eines Tieres sind zugleich auch angeboren, viele werden während des individuellen Lebens neu erworben und unterscheiden sich prinzipiell nicht von den experimentell erworbenen. Überdies sind viele Versuchsanordnungen zugleich analytisch und synthetisch. Endlich ist Claparède viel zu voreingenommen in finalistischen Vorstellungen und kehrt sich nicht daran, welche Mechanismen bei den untersuchten Handlungen im Spiele sind.

Viele Psychologen, unter ihnen Claparède, glauben, daß die Empfindungen eines Tieres sich nach dem stärkeren

---

[1] Ed. Claparède, „Über Tierpsychologie". 1908.

oder schwächeren Interesse, dem „Wert", den sie für das Tier besitzen, hierarchisch ordnen lassen, sie vergessen aber, daß eine Empfindung, die anfänglich keinen besonderen Wert besitzt, diesen dadurch gewinnen kann, daß sie in eine Assoziation eintritt. Jene Psychologen hingegen, die alle Handlungen der Tiere nur von energetischen Gesichtspunkten aus betrachten, wollen von diesen „Werten" der Empfindungen gar nichts wissen. So hat, wie wir im nächsten Kapitel sehen werden, Professor Dumas vom energetischen Standpunkt aus, die Schlüsse, welche die Pawlowsche Schule aus ihren Experimenten zieht, angegriffen.

Man hat z. B. viel darüber debattiert, ob die niederen Wirbeltiere hören. Man erzeugte Geräusche neben einem Wasserbecken, in dem sich Fische befanden, und beobachtete deren Verhalten. Wäre das Ergebnis ein positives gewesen, d. h. würde ein Fisch jedesmal auf das Geräusch durch Bewegungen, Flucht oder sonstwie reagieren, so wäre das ein unzweideutiger Beweis, daß die Reizung wahrgenommen wurde, doch der Versuch verläuft negativ und das beweist überhaupt nichts, denn das Tier könnte sehr wohl hören, dies nur durch sein Verhalten nicht anzeigen. Wie viele Menschen bleiben unbewegt beim Klang der Glocken; ebensogut könnten auch Tiere hören, ohne darauf reagieren zu müssen. Eine Eidechse, die das leise Krabbeln eines Insekts im Grase „hört", sagt Edinger, bleibt völlig ruhig, wenn man dicht über ihrem Kopfe auf einen Stein schlägt, wenn man laut schreit oder singt; nie flieht dabei das Tier, das doch so scheu ist, daß es ein Schatten zum Verschwinden bringt. Ebensowenig fliehen Amphibien vor Glockentönen, wenn man aber ihr eigenes Quaken nachahmt, so eilen sie, wie

Böttcher gezeigt hat, herbei. Wir wissen sicher, daß der Akustikus einer Eidechse, eines Frosches oder eines Fisches durch Töne erregt wird. Yerkes und Pieper haben dies durch sehr geistreiche Versuche bewiesen, aber die Tiere reagieren eben nur auf Töne, die sie angehen, die in ihren Assoziationen eine Rolle spielen.

Die akustischen Erregungen, bemerkt Edinger, scheinen nur assoziativ zu wirken, im Unterschied zu den optischen Erregungen, der Grund mag der sein, daß der akustische Sinn der zuletzt erworbene ist. Reaktionen auf die meisten Töne wären biologisch nutzlos; was sollte einen Fisch wohl veranlassen, beim Ertönen einer Glocke oder einer Stimmgabel zu entfliehen?

Andere Forscher wollen diese finalistischen Erklärungen durch physikalisch-chemische ersetzen. Eine Empfindung entspricht, wie sie sagen, einer Zunahme der chemischen Reaktionsgeschwindigkeit in bestimmten Nervenzellen des Zentralnervensystems; zur Auslösung einer Bewegung muß diese Geschwindigkeit einen gewissen Grad erreicht haben. Nun ist dieser Wert bei der akustischen Gehörsempfindung zu gering, außer in jenen Fällen, wo die betreffenden Nervenzellen bereits durch das Gedächtnis vorher empfänglich gestimmt waren. Solche Erklärungen erscheinen vorläufig jedoch noch zum mindesten verfrüht, wir wollen deshalb zu den Methoden zurückkehren.

Ich will hier die Versuchsanordnungen besprechen, die in den letzten 10 Jahren die besten Erfolge gezeitigt haben, und zwar sowohl bei der Analyse der einzelnen Empfindungen, die bei einer Handlung zusammenwirken, als bei dem Abrichten der Tiere. Es sind dies: 1. die Methoden Pawlows und seiner Schüler, 2. das Labyrinthverfahren, 3. das Vexierkastenverfahren, 4. das Nachahmungsverfahren und 5. die eigentliche Dressurmethode. Bei allen diesen Verfahren wirken Assoziationen, oft recht komplizierter Natur, zusammen. Bei der Pawlowschen Methode lernt das Tier, auf verschiedene assoziierte Reize Speichel abzusondern, bei den anderen Methoden lernt es Bewegungen ausführen. Ich beginne mit der Pawlowschen Methode, weil bei dieser ein „Willen" ganz ausgeschlossen ist und weil man bei ihr die Antwort „mit der Genauigkeit und Sicherheit erhält, welche die Reflexvorgänge charakterisieren".

III.

Die Pawlowsche Methode.

Im Jahre 1904 auf dem medizinischen Kongreß zu Madrid berichtete der berühmte russische Physiologe Pawlow über eine neue Methode, die Methode der „psychischen Speichelreaktion", die es uns gestattet, auf objektive Weise normale Vorgänge in der Hirnrinde zu studieren. Seither sind in Petersburg von den Schülern Pawlows zahlreiche Arbeiten über den gleichen Gegenstand veröffentlicht worden, unter denen in erster Reihe jene von Zéliony[1] und Orbéli[2] zu nennen sind. Die

[1] Zéliony, „Materialy k voprosou o reaktzii sobaki na zvoukovyia razdrajenia". Dissertation. St. Petersburg 1907. — „Novyj ouslovnyj reflex". Kharkov 1908. — Espèce particulière de réflexes conditionnels. Archives des sciences biol. 1909.

[2] Orbéli, „Réflexes conditionnels du côté de l'oeil chez le chien". Archives des sciences biologiques 1909. (Enthält die Bibliographie des Gegenstandes.)

Arbeit Orbélis ist noch deshalb von besonderem Interesse, weil sie ein historisches und kritisches Exposé des ganzen Gegenstandes enthält. Aus den Arbeiten geht mit absoluter Klarheit hervor, daß auch die komplizierten Vorgänge in der Großhirnrinde durch ganz bestimmte Gesetze regiert werden. Merkwürdigerweise werden die Arbeiten der russischen Schule in den neuen Arbeiten über die Entwicklung des Gedächtnisses nicht berücksichtigt, trotzdem sie doch gerade für dieses Problem von größter Bedeutung sind.

Was ist denn eigentlich das Wesen des „psychischen Speichelreflexes"? Man kann die Absonderung des Speichels auf verschiedenen Wegen anregen. Am einfachsten ist es, wenn man dem Hunde ein Stückchen Fleisch auf die Zunge legt. Es ist jedoch eine allbekannte Tatsache, daß die Speichelsekretion auch dann einsetzt, wenn man die Reizstoffe nicht direkt auf die Mundschleimhaut einwirken läßt. Schon der bloße Anblick eines Stückchen Fleisches vermag Speichelsekretion zu erzeugen, der Reiz wirkt also auch auf Distanz. Beim Anblick mancher Gerichte „läuft uns das Wasser im Mund zusammen": das nennt man „psychische Sekretion". Ja unter gewissen Bedingungen tritt die Sekretion schon ein, ehe das Tier die Nahrung überhaupt erblickt, z. B. wenn man jedesmal bei der Fütterung einen bestimmten Pfiff ausstößt, so löst nach einiger Zeit schon dieser Pfiff allein den Speichelreflex beim Hunde aus. Der akustische Reiz wirkt allein, wenn er eine Zeitlang regelmäßig mit dem Geschmacksreiz assoziiert aufgetreten war.

Ob die Nahrung nun direkt auf die Zunge einwirkt, oder auf Distanz, oder gar erst durch Vermittlung von Assoziationen, stets ist, wie Pawlow meint, „die Speichelsekretion physiologisch als Reflex anzusehen", da es sich stets „um die Reaktion der Speicheldrüse auf einen äußeren Reiz handelt, die durch die Vermittlung des Nervensystems erfolgt" (Orbéli). Und doch besteht zwischen den Reflexen ein Unterschied: der Reflex, der von der Mundschleimhaut ausgeht, ist stets der nämliche, er tritt unter allen Umständen ein, er ist ein „unbedingter" Reflex; der andere Reflex ist ein „bedingter", der sehr inkonstant ist. Diese Inkonstanz hängt mit den komplizierten Verbindungen der Hirnrinde, in der sich die Empfindungen ständig neu bilden und wieder untergehen (wenigstens scheinbar), und die man auch künstlich durch Assoziationen mancher Reize vermehren kann, zusammen. Der bedingte Reflex beansprucht demnach das Interesse des Psychologen, der die psychischen Erscheinungen objektiv studieren will, in höchstem Grade.

Die Schüler Pawlows haben nach Orbéli gezeigt, daß „jeder beliebige äußere, indifferente Vorgang zu einem Reiz für die Speicheldrüsen gemacht werden kann, wenn man ihn mit einem unbedingten Reflex assoziiert". Die Arbeiten von Boldyrev,[1] Kachéminirova, Voskoboïnikova-Granstroem, Vourtsel beweisen dies ganz einwandfrei. Boldyrev verwandelte Töne, Licht und lokale Abkühlungen der Haut in Reize für die Speicheldrüsen, Kachémirinova erzielte Speichelsekretion, indem sie eine bestimmte Hautstelle mit einer Pincette kniff, Voskoboïnikova durch lokale Wärmeapplikation und Vourtsel durch den optischen Reiz eines sich bewegenden Gegenstandes.

[1] V. N. Boldyrev, „Formation des réflexes conditionnels artificiels et leurs propriétés" (russisch). 1905 und 1906.

Bereits vor diesen Arbeiten waren bedingte Reflexe, und zwar sowohl natürliche wie künstliche, bekannt. Schon Voulfson (1898), Tolotchivno (1902) und Babkine (1904) berichteten von ihren Eigenschaften, ihrer „außerordentlichen Unbeständigkeit“, ihrem „Erlöschen“, ihrem „Wiederaufleben“ und ihrer „Hemmung“.

1. Erlöschen der Reflexe. — Bekanntlich führt die häufige Wiederholung eines Reflexes zu dessen Erlöschen, gleichgültig, ob es sich um einen einfachen oder einen komplizierten Reflex handelt.

Besonders schlagende Beispiele bieten in dieser Hinsicht die niederen Tiere, da bei ihnen die Reaktionen viel einfacher sind. So zieht sich ein Röhrenwurm bei jeder Helligkeitsabnahme in seine Röhre zurück, verdunkelt man ihn aber mehrmals hintereinander, dann bleibt diese Reaktion aus.

Wie die Pawlowsche Schule bewiesen hat, können auch die komplizierten Vorgänge in der Großhirnrinde der höheren Tiere ganz analog erlöschen. Nehmen wir beispielsweise an, ein Hund hätte gelernt auf einen äußeren Reiz durch Speichelsekretion zu reagieren; wenn wir diesen Reiz mehrmals hintereinander auf das Tier einwirken lassen, ohne die Versuchsanordnung zu verändern, so erlischt der bedingte Reflex allmählich. Mit besonderem Nachdruck hob Babkine die Bedeutung dieser Erscheinung hervor. Das Verschwinden einer Reaktion soll die Entstehung von neuen Reaktionen erleichtern. Zu einem anderen Zeitpunkt kann jedoch die unterdrückte Reaktion sich wieder einstellen.

Ähnlich wie bei den Tieren die Wiederholung der Reizung ein Erlöschen der Reaktion bedingt, empfindet auch ein Mensch nach häufigen Wiederholungen den betreffenden Reiz nicht mehr. Eine „bemerkenswerte Beziehung der Empfindungen zur Außenwelt besteht“ nach Ebbinghaus, „darin, daß in ihnen die Orientierung über das Geschehende und Wechselnde entschieden bevorzugt ist vor der über das Zuständliche und Beharrende. Das Auge übertrifft in der raschen Wahrnehmung von Helligkeiten und Farben bei weitem die empfindlichsten photographischen Platten; es vermag sozusagen Momentaufnahmen von Sternen 5. und 6. Größe zu machen. Aber dafür ist es nun auch für langdauernde Zeitaufnahmen nicht geeignet. Schon nach verhältnismäßig kurzer Zeit sieht es das mit fester Fixation betrachtete Helle dunkler, das Dunkle heller, das Farbige grauer. Es paßt sich den einwirkenden Reizen bei längerer Dauer an, adaptiert sich ihnen ... Der gleichen Erscheinung ... begegnen wir fast auf allen anderen Empfindungsgebieten. Dauernde Berührungen, dauernde Temperaturen, dauernde Gerüche hören wir fast schlechthin auf zu empfinden. Das von dem gerade Bestehenden Abweichende dagegen, das Neue, gelangt sogleich und ... meist in besonderer Stärke zum Bewußtsein“. Ebbinghaus geht auch eingehend auf das Erlöschen von Empfindungen ein, zu deren Erklärung er auf finale Theorien zurückgreift. „Offenbar eine für die Kampfzwecke des Organismus und der Seele sehr nützliche Einrichtung. Das Gefährliche im Kampf sind die Überraschungen.“ Gegen diese Deutung protestiere ich ganz energisch, um so mehr, als der berühmte Hallenser Psychologe sonst gerade einer von denen ist, die die Psychologie in wissenschaftliche Bahnen gelenkt haben.

In einer neuen Arbeit wies ich nach, daß die vermeintliche Anpassung die Tiere häufig in den Tod führt. Ich schloß daraus, daß man im allgemeinen mit allzu großer

Voreingenommenheit von dem „Adaptationswert" der Reaktionen spricht. Dadurch geht viel Zeit verloren und man erhält ganz falsche Resultate. Es wäre viel vernünftiger, wenn man sich eingehender mit dem Mechanismus der Handlungen zu beschäftigen suchte. Doch es wird wohl noch lange dauern, bis wir uns von den Ideen freimachen werden, die sich in den Köpfen der Biologen der vorigen Generation infolge des Triumphes der Selektionstheorie festgenistet haben. Die Selektionstheorie erklärt freilich alles sehr einfach und bequem, das ist aber für uns kein Grund, uns ihrer zu bedienen. Die Biologen tun stets besser, wenn sie sich bei der physikalischen Chemie nach Erklärungen umsehen.

Die physikalische Chemie gibt uns eine plausible Erklärung für das Erlöschen der Erinnerungsbilder. Da bei jeder Reaktion bestimmte aktive Substanzen des Organismus verbraucht werden, so tritt nach mehrfach aufeinanderfolgender Reizung ein Stadium ein, in dem diese Substanzen aufgebraucht oder wenigstens in solchem Maße vermindert sind, daß eine Reaktion überhaupt nicht mehr stattfinden kann oder doch wenigstens schwer ausgelöst wird.

Das soll natürlich keine endgültige Lösung des Problems sein, zumal bei den Vorgängen in der Großhirnrinde wahrscheinlich noch Reizausstrahlungsprozesse hinzukommen. Ich bin gerade jetzt mit der Klärung dieser Fragen beschäftigt.

Eine dritte, übrigens unzulässige, Hypothese behauptet, daß das Erlöschen durch einen „Gedächtnisverlust", ein

[1] G. Bohn, „Les variations de la sensibilité périphérique chez les animaux". Bulletin scientifique de la France et de la Belgique 1909.

„Vergessen“ bedingt sei. Wie wir jedoch aus dem Wideraufleben der Erinnerungsbilder erkennen, verwischen sich die Spuren der alten Reize im Gehirn durchaus nicht.

2. Wiederaufleben. — Infolge des fortschreitenden Erlöschens tritt die Reaktion auf bestimmte Reizgruppen sehr verspätet, „nach einer langen Latenz“ oder überhaupt gar nicht mehr ein. Es ist jedoch möglich, sie in einzelnen Fällen doch wieder von neuem hervorzurufen. Diese Beobachtung machte Eliasson im Jahre 1907 und später (1908) sprach sie Zavadsky in präziserer Fassung, aus. Nach den Befunden des letztgenannten Forschers läßt sich die Latenzperiode abkürzen, indem man dem ursprünglichen Reiz einen schwachen, für sich allein indifferenten Reiz hinzufügt. Auch ein Wechsel in der Versuchsanordnung kann, wie Babkine zeigte, eine bereits ganz schwache Reaktion wieder verstärken.

Demnach sind akzessorische indifferente Reize, vorausgesetzt, daß sie ganz schwach sind, imstande, eine Reaktion, die bereits im Erlöschen begriffen ist, neu zu beleben und zu verstärken.

3. Hemmung. — Wenn die akzessorischen Reize jedoch stark sind, so tritt die entgegengesetzte Wirkung ein: die Reaktion wird vollständig und zwar momentan aufgehoben. Es kommt also hier, wie immer, alles auf die Dosierung an.

Starke Reize, die zu dem normalen Reiz, der die Reaktion auslöst, hinzugefügt werden, können den Ablauf der Reaktion verzögern, ihre Intensität vermindern oder sie völlig aufheben. Übrigens geht bei häufiger Wiederholung der neuen Reizkombination auch die verzögernde Wirkung wieder verloren; sobald sich das Individuum an den neuen Reiz gewöhnt hat, hemmt er die Reaktion nicht mehr.

Aber nicht nur eine starke Reizung wirkt hemmend, dasselbe vermag auch eine genügend komplizierte, von der gewohnten verschiedene Erregung. So zeigten Vassiliev (1906) und Michtovte (1907), daß jeder äußere, an sich indifferente Reiz eine vorhandene Reaktion aufheben kann. Es möge A eine bestimmte Reaktion des Organismus auslösen. Jetzt kombinieren wir A mit einem komplizierten und ganz verschiedenen Reiz B, dann kann B die Reaktion hemmen. A erzeugt einen Speichelreflex, in Verbindung mit B bleibt der Reflex aus, oder mit anderen Worten: B hebt A auf.

Im Pawlowschen Laboratorium bezeichnet man diese Erscheinung als „die Ausarbeitung einer bestimmten Hemmvorrichtung".

Es gibt demnach zweierlei Hemmvorrichtungen, die einen wirken durch ihre Intensität, die anderen durch ihre Kompliziertheit. Natürlich zeigt sich die Wirksamkeit beider um so deutlicher, je schwächer die Originalreaktion bereits ist.

Auch diese Hemmungen hat man finalistisch zu erklären versucht. Die Erscheinungen der Außenwelt dienen dem Organismus als Signale: die eine Erscheinung gibt beispielsweise das Signal zu einer bestimmten Handlung, während eine zweite ihm anzeigt, daß die erste Erscheinung unwirksam ist, dadurch die Reaktion verhindert und somit dem Organismus einen unnützen Kraftaufwand erspart. In Wahrheit werden diese Vorgänge durch Gesetze regiert, durch Hemmungsgesetze, die mit utilitaristischen Zwecken nichts zu tun haben. Ich werde später noch einmal auf diesen Punkt zurückkommen.

Aus alledem erkennen wir, daß die bedingten Reflexe durch sehr feine und subtile Vorgänge erzeugt werden und daß die Neigung des Organismus eine unbeschränkte Zahl von neuen Reaktionen zu bilden, ständig unterdrückt wird. Wir erkennen bereits, daß sich die höheren psychischen Vorgänge auf genau bestimmte Gesetze zurückführen lassen.

„Die Physiologie des Nervensystems rechnet", wie Orbéli schreibt, „heute vor allem mit zwei fundamentalen Zuständen des Nervensystems: mit Erregung und Hemmung; mit Hilfe dieser beiden Zustände kann man die ganzen komplizierten, vorhin besprochenen Erscheinungen erklären." Unter diesem Gesichtspunkt gewinnen die vorhin erwähnten Entdeckungen Zavadskys besonderes Interesse. Eine sorgfältige Analyse der Variationen der bedingten Reflexe zeigt endlich „die Trägheit des Nervensystems, seine absolut mechanische Wirkungsweise und die große Bedeutung der relativen Intensität der einzelnen Reize, welche auf den Organismus einwirken". Das ist der Schluß, den Orbéli aus seinen Untersuchungen zieht. Nun sind, wie die Arbeiten von Tichomiroff (1906), Makovsky (1908), Orbéli, Toropov und Demidov (1909) gezeigt haben, die bedingten Reflexe Funktionen der Großhirnrinde; durch Exstirpation bestimmter Rindenbezirke vermochten diese Forscher die Bildung bedingter Reize unmöglich zu machen.

Die mechanistischen Schlußfolgerungen Orbélis scheinen offenbar mit den finalistischen Betrachtungen Pawlows im Widerspruch zu stehen. Ehe wir aber in eine nähere Erörterung dieses Gegenstandes eintreten, wollen wir untersuchen, ob die „Reizung", das „Wiederaufleben" und die „Hemmung" auch für die im assoziativen Gedächtnis zusammenwirkenden Elemente gelten. Ich komme dabei zur Prüfung der Arbeiten Orbélis und Zélionys.

Zéliony legt bei seinen Tieren eine Parotisfistel an und bindet in den Ductus Stenonianus ein Röhrchen ein: der herabtropfende Speichel fällt in eine graduierte Eprouvette, in der man die Menge des in einer bestimmten Zeit abgesonderten Speichels genau messen kann. Ferner assoziiert er zu den Geschmackreizen, die er beispielsweise durch Auflegen des Fleisches auf die Zunge erzeugt, noch akustische Reize (Harmonium, Trompetentöne, Pfiffe, Metronomschläge usw.). Die Assoziation bildet sich oftmals bereits nach 20 bis 40 Versuchen, und der einmal vorhandene Reflex erhält sich etwa zwei Monate lang.

Der Reflex wird aber durch ganz geringe Veränderungen in der Höhe oder Klangfarbe des Freßtones gehemmt oder gar völlig aufgehoben. Man braucht z. B. nur einen um einen viertel Ton tieferen Ton anzuschlagen, so fließt kein Tröpfchen Speichel mehr aus der Fistel. Wenn man als Freßton einen Dreiklang verwendet hat, so kann man davon keinen Ton wegnehmen noch durch einen anderen ersetzen, noch einen vierten hinzufügen.

Zéliony erzeugte aber auch Reflexe, die nicht auf das Ertönen des akustischen Reizes, sondern auf sein Aufhören erfolgten. Er brauchte dabei das Futter nur in dem Moment zu verabreichen, wenn der betreffende Ton oder das Geräusch aufhörte. So ließ er beispielsweise 15 bis 20 Minuten lang einen Metronom schlagen, und im Augenblick, wenn er ihn anhielt, führte er dem Hunde eine schwache Salzsäurelösung in das Maul, die natürlich speichelerregend wirkte. Nach etwa 20 Versuchen setzte die Speichelabsonderung beim Anhalten des Metronoms, auch wenn dem Hunde keine Säure eingeflößt wurde, ein. Hingegen blieb das Ingangsetzen des Metronoms auf die Speicheldrüsen ohne Einfluß. Eine Verlangsamung des Rhythmus jedoch konnte wieder absondernd wirken.

Ich will mich bei diesen Arbeiten nicht länger aufhalten, weil die Zélionyschen Versuche wohl am bekanntesten sind, sondern will jetzt zu den Arbeiten Orbélis übergehen.

Das Auge und dadurch das Gehirn kann durch einen Gegenstand in verschiedener Weise erregt werden: 1. durch seine Helligkeit, 2. durch seine Bewegung, 3. durch seine Gestalt, 4. durch seine Farbe. Es gelang nun Orbéli die Wirkung dieser einzelnen Faktoren zu isolieren.

1. Veränderungen der Helligkeit. — Auf Helligkeitsunterschiede bilden sich bedingte Reflexe sehr leicht. Man braucht dazu entweder die Gesamthelligkeit zu verändern, oder man läßt leuchtende Figuren auf dunklem Grunde oder dunkle Figuren auf hellem Grunde erscheinen. Dabei erzeugen oft schon schwache Reize so beträchtliche Wirkungen, daß sie durch stärkere Reize nicht mehr übertroffen werden können. Anders steht es allerdings im Zeitpunkt, wenn der Reflex im Erlöschen begriffen ist. Auch die Größe der beleuchteten Fläche ist von Bedeutung. Eine unterbrochene Reizung hat einen stärkeren Effekt als eine kontinuierliche. Trotzdem es sich doch hier um Vorgänge in der Großhirnrinde handelt, gelten im allgemeinen auch für diese Versuche die Gesetze der Lichtreizung, wie wir sie an niederen Organismen feststellen konnten.

2. Bewegungen. — Toropov legte auf eine rotierende Scheibe kreuzweis übereinander zwei schwarze Vogelfedern. Jedesmal, wenn das Uhrwerk, das die

Scheibe bewegte, in Gang gesetzt wurde, verabreichte er dem Hunde eine Salzsäurelösung, und löste dadurch Speichelsekretion aus. Nach einer gewissen Zeit genügt bereits der bloße Anblick der rotierenden Scheibe zur Speichelsekretion. Dieser Reflex bildet sich sogar rascher als die Beleuchtungsreflexe.

3. Formen. — Orbéli hat speziell an zwei Hunden, Banzai und Saturn, Experimente über die Bedeutung der Formempfindungen angestellt.

Bei Banzai hatte er einen Speichelreflex auf den Buchstaben T erzeugt, dieser Buchstabe erschien als dunkle Figur auf einem hellen Schirm und bewegte sich, von außen kommend, über den Schirm hinweg. Er versuchte nun dieses T durch anders gestaltete Figuren zu ersetzen, durch ein schwarzes Viereck, einen schwarzen Kreis, ein schwarzes Quadrat, einen schwarzen Ring usw. Die Versuchdauer erstreckte sich über mehrere Monate und ließ mehrere Phasen erkennen. 1. Anfangs (26. August 1906) reagierte der Hund gleichmäßig sowohl auf das gewöhnliche Bild T wie auf das ungewohnte, 2. später (Dezember 1906 bis Januar 1907) erzeugte die abweichende ungewohnte Figur bereits eine erheblich geringere Speichelsekretion wie die gewöhnliche, aber der Ablauf der Sekretion vollzog sich noch in gleicher Weise, d. h. die Gesamtsekretion betrug in allen Fällen $2^1/_2$mal soviel als in der ersten halben Minute, 3. zuletzt (Februar 1907) rief die ungewöhnliche Figur keine Sekretion mehr hervor, ja sie wirkte sogar sekretionshemmend.

Diese Beobachtungen sind deshalb so interessant, weil sie uns zeigen, daß die Formempfindungen erst sehr spät in die Assoziationen eintreten. Bei der Dressur eines Hundes wirken sie anfangs am wenigsten auf ihn ein, aber allmählich steigert sich ihr Einfluß bis zu einem recht hohen Grade.

Andere Hunde, z. B. Saturn, hat man nicht dazu bringen können, daß sie auf Formen einen Speichelreflex bildeten (z. B. auf das Erscheinen eines hellen Kreuzes auf dunklem Grunde). Wahrscheinlich hätte es dazu noch einer längeren Fortsetzung der Versuche bedurft.

4. Farben. — Mit Farben blieben die Resultate bis jetzt immer negativ. Das besagt aber noch nicht, daß die Hunde kein Farbenunterscheidungsvermögen besitzen. Ich erinnere bloß, daß Samoïlov und Féofilaktova (1907) Hunde gelehrt hatten, bestimmte Farben zu erkennen, und daß auch Nagel und Himstedt ähnliche Erfahrungen gemacht hatten. Diese beiden Autoren hatten Hunde abgerichtet, aus einem Haufen verschieden gefärbter Bälle auf Verlangen einen roten, grünen oder blauen Ball hervorzuholen.

Gewöhnlich wird die Bedeutung der Pawlowschen Methode und ihr eigentlicher Zweck verkannt. Die meisten glauben, daß sie bei Hunden das Vorhandensein gewisser menschlicher Empfindungen, wie Formen- und Farbensinn, musikalischer Sinn usw., nachweisen will. Daher die vielen Proteste. Die einen sind empört, daß man überhaupt daran zweifeln kann, ob ihre teuren Lebensgefährten Formen und Farben unterscheiden, Personen und Töne erkennen können, und wundern sich bloß, daß man so komplizierte Versuchsanordnungen ersinnt, um etwas zu beweisen, was alle Welt sowieso schon weiß. Die anderen halten ihr entgegen, daß die russische Methode

---

[1] A. Drzewina, „Le Sens des couleurs chez les animaux". Revue scientifique 1909.

nichts über die Empfindungen der Tiere aussagt: ein Ton kann z. B. eine motorische Reaktion auslösen und braucht deshalb doch nicht musikalisch empfunden zu werden.

„Zwischen dem Hören eines Tones und einer durch ihn erzeugten Reflexbewegung besteht", wie Frau Jaëll, auf deren Arbeiten ich später noch zurückkommen werde, schreibt, „ein gewaltiger Unterschied.... Diesen Satz beweisen auch meine Versuche an Dr. Féré ganz einwandfrei. Dr. Féré ist ein vollkommen unmusikalischer, ein „musikalisch tauber" Mensch. Er hat es beispielsweise nicht fertig bringen können, die verschiedenen Trompetensignale, die er in seinem Regiment doch täglich hörte, voneinander zu unterscheiden. In unseren Versuchen reagierte er notorisch jedoch so fein auf alle Variationen und Kombinationen von Tönen, daß man nicht allein annehmen konnte, er höre die Töne, sondern er müsse auch ein hochmusikalischer Mensch sein. Aber ungeachtet dieser Reaktionsweise blieb er doch musikalisch taub". Diese Ausführungen bestätigen bloß das, was ich schon so und so oft, zumal in meinem Buche „Die Entstehung des Denkvermögens", wiederholt habe, nämlich, daß wir keinen einwandfreien Beweis dafür erbringen können, ob die Tiere sich der in ihrem Gehirn durch äußere Reize erzeugten Empfindungen auch bewußt werden. Die subjektiven Empfindungen der Tiere, das Bewußtsein, liegt außerhalb der Möglichkeit wissenschaftlicher Forschungen, das Experiment versagt hier vollkommen.

Ein so bedeutender und kritischer Geist wie Pawlow hätte seine Schüler sicherlich nicht auf so phantastische Wege geführt. Die russischen Gelehrten interessierte es nicht, ob die Hunde sehen und hören wie wir, sondern sie suchten nach einer objektiven und präzis arbeitenden

Methode, die uns am normalen Tier die Auffindung der zerebralen Assoziationsgesetze gestattet, die Entstehung der Assoziationen zu verfolgen ermöglicht und den assoziativen Wert der einzelnen an der Assoziation beteiligten Faktoren, der „Empfindungen" im physiologischen Sinne des Wortes, zu bestimmen erlaubt.

Die Eigenschaften des „bedingten psychischen Speichelreflexes", seine Spezifizität, seine Unbeständigkeit, waren schon bekannt, nun suchte man seine Entstehung zu verfolgen. Der Reflex entsteht aus dem Zusammenwirken mehrerer sensorischer Reize; die chemische Erregung der Mundschleimhaut muß von der Reizung anderer Sinnesorgane begleitet sein, z. B. von einer Reizung des Auges (durch Beleuchtungsänderungen, Bewegungen, Formen oder Farben). Diese verschiedenen Reize erzeugen chemische Modifikationen in der Großhirnrinde, aus denen im Laufe der Zeit immer festere und kompliziertere Assoziationen entstehen. Die einzelnen Faktoren sind nicht gleichwertig, manche treten schwerer in die Assoziationen ein, wie die anderen, so z. B. die Form- und Farbeneindrücke. Außerdem erlöschen einzelne ganz spontan oder werden leichter unterdrückt als die übrigen.

In dieser Hinsicht sind die neuen Versuche Toropovs[1] von großem Interesse. Er trug bei seinen Hunden allmählich immer ausgedehntere Teile der Okzipitalregion ab, die bekanntlich beim Sehakt eine bedeutende Rolle spielt. Toropov fand dabei, daß die Formreaktionen zu allererst ausblieben, bei ausgedehnteren Läsionen verschwanden auch die Reaktionen auf Bewegungen und

[1] Toropov, „Réflexes conditionnels oculaires quand on élimine les parties postérieures des hémisphères cérébraux chez les chiens". Dissertation 1909.

erst bei sehr ausgedehnten Verletzungen blieben auch die Reaktionen auf Beleuchtungsänderungen aus. Die verschiedenen Reaktionen auf Sehempfindungen verschwinden demnach in gleicher Reihenfolge, in der sie sich beim Individuum gebildet haben, ja noch mehr, in der sie innerhalb der tierischen „Stufenleiter" entstanden sind.

Die Pawlowsche Methode gestattet uns also, die Bildung der Assoziationen in der Hirnrinde zu verfolgen, wir sehen, wie immer neue Elemente in einer bestimmten Reihenfolge in die Assoziationen eintreten, und wie unter gewissen Bedingungen ein oder das andere Element wieder aus ihnen verschwindet. Die Methode ist für den Psychologen unersetzlich, denn sie gestattet ihm die Auffindung der Gesetze des assoziativen Gedächtnisses bei höheren Tieren. Man kann es nur bedauern, daß die Gelehrten, die sich mit dem Gedächtnisproblem beschäftigen, ihr nicht die genügende Beachtung zuteil werden lassen.

Die neuen Arbeiten Zélionys,[1] die ich jetzt besprechen will, zeigen, wie wichtig es ist, die Genese der Assoziationen zu berücksichtigen, wenn man die Assoziationserscheinungen selbst verstehen will.

Zéliony erzeugte einen Reflex auf einem ganz neuen Wege; er erzeugte nämlich einen bedingten Reflex mit Hilfe eines zweiten. Seine beiden Versuchshunde, Gladenkaia und Tchorny, hatten schon früher eine gewisse „musikalische Erziehung" genossen. Bei dem einen Hund bestand ein Speichelreflex auf das Schlagen eines Metronoms im Tempo von 120 Schlägen in der Minute, bei dem anderen auf das dreigestrichene a einer Stimmgabel.

[1] Zéliony, „Espèce particulière des réflexes conditionnels". Archives des sciences biologiques 1909.

Beide Reflexe waren auf die gewöhnliche Weise (Assoziation von akustischem zum Geschmacksreiz) entstanden. Zéliony wollte nun einen Reflex auf einen neuen Ton schaffen, und zwar indem er diesen eine Zeitlang dem gewohnten Ton zugesellte.

Die Versuche mit Gladenkaia begannen im Juni 1907. Anfangs reagierte der Hund auf die beiden akustischen Reize, den alten (120 Metronomschläge in der Minute) und den neuen (a‴) ganz verschieden: der Metronom brauchte bloß eine Minute zu schlagen und schon trat eine reichliche Speichelabsonderung ein (25—30 Tropfen), während auf den Ton a‴ nichts erfolgte.

Nach diesen Vorversuchen traf Zéliony folgende Versuchanordnung:

Zweimal hintereinander: 1 Minute Metronom, 30 Sekunden Ruhe, dann Einführung von 5—10 ccm 25 %ige HCl.

Ein- oder zweimal hintereinander: 30 Sekunden a‴, 15 Sekunden Pause, 1 Minute Metronom.

Diese Kombination der beiden akustischen Reize (Metronom 120 und a‴) wurde 55mal wiederholt.

Nach einiger Zeit sonderte der Hund 5 Sekunden nach dem Aufhören des Tones a‴ einige Tropfen (1—6) Speichel ab: 1 Tropfen beim sechstenmal, 4 Tropfen beim zwölftenmal.

Bei dem Hund Tchorny stellte Zéliony den umgekehrten Versuch an, im ganzen dreizehnmal. Schon nach dem drittenmal erfolgte auf das Schlagen des Metronoms Speichelabsonderung (5 Tropfen). Von da ab sezernierte der Hund bei jedem Metronomversuch 1 bis 9 Tropfen Speichel.

Bemerkenswerterweise verschwindet jedoch ein Reflex,

der mit Hilfe eines anderen bedingten Reflexes erzeugt wurde, viel schneller wieder, als andere bedingte Reflexe.

Die folgende Tabelle ist aus den Versuchen mit Tchorny entnommen:

16. August 1908:

10.53 Uhr	erfolgen	auf Metr.-Schl.	9	Tropfen	innerh.	11	Sek.
4 Mon. später	„	„	2	„	„	28	„
8 Mon. später	„	„	3	„	„	15	„
2 Mon. später	„	„	0	„			

Wie wir sehen werden, erhält sich der Reflex länger, wenn man die Intervalle zwischen zwei Versuchen größer nimmt. Es ist dies eine ganz allgemeine Erfahrung.

Aus all diesen Versuchen geht immer aufs neue hervor, daß die Assoziationen von Empfindungen, die sich in der Großhirnrinde bilden, durch Gesetze regiert werden. Die Entdeckung dieser Gesetze zeigt am deutlichsten die Vorzüge der Pawlowschen Methode.

Die Untersuchungen der russischen Schule führen, wenn man sie von meinem Standpunkt aus betrachtet, entschieden dazu, die finalen Erklärungsversuche abzulehnen. In der Tat sprechen auch Orbélis Schlußfolgerungen zu Gunsten einer mechanistischen Erklärung. Wir sind jetzt vielfach imstande, Vorgänge, die sich in der Großhirnrinde — die uns bisher immer so launisch und zufällig erschienen — abspielen werden, vorherzusehen.

Kürzlich stellte Professor Dumas in Paris, unterstützt von Malloizel, ähnliche Versuche an wie die Russen, auf Grund deren er sich energisch gegen die finalen Erklärungen dieser Autoren richtete. Nach den bisherigen Auseinandersetzungen könnte man darüber erstaunt sein, doch wird sich dies Erstaunen sofort legen, wenn der Leser eine kleine Arbeit Pawlows „Psychische Erregung der Speicheldrüsen“[1] liest. In diesem philosophisch sehr wertvollen Artikel bekennt sich Pawlow als Finalist und gibt, wenigstens meiner Meinung nach, von den Arbeiten seiner Schüler einen sehr unvollkommenen, ja sogar unrichtigen Begriff. Pawlow beglückwünscht sich mit Recht, daß er „von streng physiologischen Fragen ausgehend, allmählich in das Gebiet der gewöhnlich als psychisch bezeichneten Erscheinungen übergreifen mußte. Dieser Übergang vollzog sich zwar unerwartet, jedoch vollkommen natürlich und, was mir in dieser Angelegenheit besonders wichtig erscheint, ohne daß sozusagen in der Methodik Front gewechselt wurde“. „Wir haben hier genau beobachtete und feststehende Tatsachen, die gleichsam etwas Bewußtes, Zweckmäßiges an sich haben, vor uns.“ Pawlow erklärt übrigens später den Gebrauch dieser Ausdrücke. „Die diesen Begriff bezeichnenden Ausdrücke ‚Zweckmäßigkeit‘ und ‚Anpassung‘ haben (trotz Darwinscher naturwissenschaftlicher Analyse) fortdauernd in den Augen vieler etwas Subjektives an sich, was zu Mißverständnissen nach zwei entgegengesetzten Seiten hin Anlaß gibt. Die Anhänger der streng physiko-mechanischen Auffassung der Lebensprozesse glauben in diesen Ausdrücken die Tendenz ersehen zu können, vom reinen Objektivismus in das Gebiet der Teleologie abzuschwenken. Andererseits aber sehen die philosophisch gestimmten Biologen jedes, auf Anpassung und Zweckmäßigkeit hindeutende Faktum als Beweis für das Vorhandensein einer besonderen vitalen, oder, wie man jetzt immer zu hören bekommt, einer geistigen (der Vitalismus artet immer mehr

[1] Ergebnisse der Physiologie 1904.

zum Animismus aus) Kraft an, welche sich Ziele vorzeichnet, Mittel zur Erreichung dieser Ziele ersinnt, sich anpaßt usf.“ Weiter unten sagt er dann: „Wenn dem so ist, so liegt der Kern der Sachlage also darin, daß man sich die Frage vorlegen kann, ob man dieses Chaos von Wechselbeziehungen in bestimmte Grenzen einfügen, die Erscheinungen zu konstanten machen, ihren Mechanismus und ihre Gesetze feststellen kann. Einige Beispiele, die ich sofort anführen will, geben mir, wie mir scheint, das Recht, alle diese Fragen entschieden zu bejahen und als Grundprinzip all dieser psychischen Experimente wiederum einen spezifischen Reflex als den am weitesten verbreiteten Mechanismus anzusehen.“

Man sieht: der „Finalismus“ Pawlows braucht uns nicht zu beunruhigen. Dennoch ist mir die Haltung J. Loebs lieber, der Anpassung und Finalität vollkommen ausschaltet, nachdem er zu der Überzeugung gelangt ist, daß die Anpassung in sehr vielen Fällen illusorisch ist.

Wenden wir uns jetzt zu den Versuchen Dumas',[1] die diesen Autor veranlaßten, den Finalismus Darwins und Pawlows zu bekämpfen. Seine Resultate, den „polyglandulären Ausdruck der Gemütsbewegung“, teilte Dumas zuerst in der Psychologischen Gesellschaft mit. Auf Grund seiner Arbeiten soll die sexuelle Erregung von einer energetischen Erregung des ganzen Nervensystems begleitet sein, die sich in reichlicher Sekretion aller Körperdrüsen (Unterkieferdrüsen, Magendrüsen, Nieren) äußert.

Gleichgültig, durch welches Sinnesorgan die sexuelle Erregung ausgelöst wird: die Wirkung auf die Drüsen bleibt stets die gleiche. Sie besteht: 1. In einer sehr reich-

---

[1] Journal de Psychologie 1910.

lichen Speichelsekretion. Mit jeder Ejakulation geht ein reichlicher Speichelerguß einher und in der Zwischenzeit besteht eine ziemlich erhebliche thermische Polypnoe. Der bloße Anblick des Weibchens löst bei dem Männchen bereits eine kolossal starke Speichelabsonderung aus. 2. Auch die Sekretion der Magendrüsen wird gesteigert, doch ist diese Tatsache nicht so allgemein bekannt, weil sie nicht direkt wahrzunehmen ist. Unter gewissen Bedingungen kann man in drei Minuten 6 ccm Magensaft erhalten. 3. Die Nierensekretion ist mindestens um ein Drittel vermehrt (9,5 ccm in 5 Minuten gegen 6 ccm). Ähnliche Wirkungen zeitigt der Zorn. Während der ganzen Dauer des Versuchs sondert der Hund reichlich Speichel ab, in 5 Minuten durchschnittlich etwa 10—15 ccm. Auch die Nierentätigkeit ist erhöht (13,5 ccm gegen 6 ccm).

Diese Tatsachen können den Physiologen nicht weiter in Erstaunen setzen. Die starke, durch die Erregung bedingte, Erschütterung des ganzen Organismus bedingt eine starke Allgemeinreaktion, die sich natürlich auch polyglandulär und polymuskulär äußert. Die Dumasschen Versuche zeigen uns sehr hübsch, wie sich die Erregungsenergie durch den Organismus verteilt und welche synergischen Reaktionen sie im Organismus auslöst.

Dumas bemerkt, daß die Erklärung der Muskelbewegungen durch die Darwinschen Theorien der Naturzüchtung und der Anpassung mehr gehemmt, denn gefördert worden sei. „Unter dem Einfluß dieser Theorien ging man früher immer von dem Prinzip aus, daß die Muskelbewegungen selektionistisch zu erklären seien, d. h. nach ihrem unmittelbaren oder ererbten Nutzen, und alle Fälle, welche dieser Erklärung widerstanden, reihte man unter die direkte Einwirkung des Nervensystems ein. Wir hingegen suchen gerade die direkte Einwirkung des Nervensystems, die Spencer als das Gesetz der diffusen Entladung bezeichnet, zu ergründen, und wir greifen erst dann zu selektionistischen Erklärungen, wenn uns die biomechanischen im Stiche lassen."

Diesen Grundsatz hat Dumas in seinem Buche „Le Sourire" auch wirklich befolgt, und ebenso führt er ihn auch in seinen Versuchen mit Malloizel über die Drüsentätigkeiten durch.

Übrigens scheinen mir die Dumasschen Resultate durchaus nicht in Widerspruch mit jenen der Pawlowschen Schule zu stehen. Das Studium des „assoziativen Gedächtnisses" und das Studium der „Gemütsbewegungen" sind zwei etwas verschiedene Dinge, die hier aber beide vom energetischen Standpunkt aus angefaßt werden. Was uns bei den Erscheinungen der „Gemütsbewegungen" am meisten überrascht, ist die Tatsache, daß der Organismus einen Kräfteüberschuß besitzt, den er ausgeben muß. Es macht den Eindruck, als ob dieser Kräfteüberschuß sich durch den ganzen Organismus, bis in die feinsten Verzweigungen des Sympathikus in gewaltigen Wogen ergieße. Das assoziative Gedächtnis hingegen leitet das Zuwenig an Energie, über das das Tier verfügt, in bestimmte Bahnen, quasi als ob es unnütze Ausgaben vermeiden wollte. Man hat ein ganzes System von Dämmen und Deichen ersonnen, welches die Irradiation der Nervenerregungen verhindern sollen, und man vermutete, daß bei starken Gemütsbewegungen diese Barrieren dem plötzlichen Ansturm der Energie nicht standhalten können und weggerissen werden, wodurch momentan alle Anpassungen unterdrückt werden. Natürlich darf diese dichterische Metapher nicht allzu ernst genommen werden.

Die Mitarbeiterin Férés, Frau Marie Jaëll, ging bei ihren Versuchen schon von der Überzeugung aus, daß den Tönen außer ihrem assoziativen noch ein energetischer Wert zukommt.

Ihre Versuchsperson, Féré, der wie schon früher erwähnt, „musikalisch taub" war, mußte mit dem rechten Mittelfinger mehrmals hintereinander, bis zur völligen Ermüdung, ein Gewicht von 3 kg heben. Dabei zeigte es sich, daß die Ermüdung unter dem Einfluß bestimmter Töne früher eintrat, während andere wohlklingende Töne den Eintritt der Ermüdung verzögerten. Die Hand schien die Töne gewissermaßen zu „wiegen" und zu unterscheiden, während das Gehirn dies nicht vermochte.

Die Versuche an Dr. Féré ergaben, daß die konsonierenden Intervalle (Oktave, Quinte, Terz) die Muskelenergie steigern, die dissonierenden Intervalle sie vermindern. Unter dem Einfluß der Quinte a—e konnte Féré das Gewicht (in 16 Versuchen) 850mal heben, was etwa der Arbeit entspricht, 1 Kilo 112 Meter hoch zu heben, während er bei der verminderten Quinte a—es das Gewicht nur 50mal heben konnte, also nur eine Arbeit leistete, die dem Hub von 1 Kilo auf 7 Meter Höhe entspricht.

Die Unterschiede zwischen den „musikalischen Gewichten" sind, wie wir sehen, sehr beträchtlich. „Ein halber Ton Differenz kann einen starken Mann schwach machen."

Die erregende, respektive hemmende Wirkung der Musik ist bereits seit langem bekannt. Wir wissen, daß „durch die Trauermärsche bei Beerdigungen eine schmerzliche Stimmung und eine langsame Gangart angeregt wird, während wir bei lustiger Musik die Beine heben und tanzen, was wir uns ohne Musik gar nicht denken könnten."

Die dynamische Wirkung der Intervalle wird auch noch mitbestimmt durch die Aufeinanderfolge derselben.

So waren die Werte, die man beim abwechselnden Anschlagen der großen Sekunde (a—h) und der kleinen Sekunde (a—b) erhielt, die folgenden (in Kilogrammetern):

	Große Sekunde		Kleine Sekunde
Serie 1	19,3 kgm	Serie 2	1,4 kgm
„ 2	26,5 „	„ 4	1,3
„ 5	31,5 „	„ 6	0,5

Andererseits kennen wir von früher den depressiven Einfluß der verminderten Quinte (a—es), dennoch vermochte die Versuchsperson, wenn vor der verminderten Quinte 32 Versuche mit der Quarte (a—d) vorangegangen waren, in einer einzigen Serie in 5 Minuten eine Arbeit von 44 kgm (260 Hübe) zu leisten.

Endlich müssen wir noch das subjektive Befinden der Versuchsperson berücksichtigen, ob sie müde, ob sie ausgeruht ist, usw. Ein F-moll-Akkord aus einer Beethovenschen Sonate hatte das eine Mal eine deprimierende, das andere Mal eine erregende Wirkung.

Alle diese Versuche sind in Férés Buche „Travail et Plaisir“ ausführlich mitgeteilt. Es ist interessant, sie mit den Pawlowschen Arbeiten zu vergleichen, auch findet man in ihnen einzelne Kontrastgesetze wieder, die auch bei Tieren gelten. Da jedoch alle diese Versuche nur an einer einzigen Versuchsperson angestellt wurden, läßt sich der Anteil der individuellen Erziehung in ihnen nur schwer abgrenzen.

Féré führt selbst zahlreiche Fälle an, welche die Bedeutung der individuellen Erziehung deutlich erkennen lassen. „Es gibt unendlich viele individuelle Besonderheiten, welche der Entwicklung des geistigen und künstlerischen Lebens günstig sind, und welche manche Menschen in geradezu wunderbarer Weise dazu ausnützen können. Die einen finden Gedanken und Anregung, indem sie sich reiben oder an bestimmten Stellen kratzen, andere zupfen an Haar und Bart, manche betrachten glänzende Gegenstände, wie Haydn, der einen Brillanten fixierte, noch andere regen sich an einer Farbe, einem bestimmten Musikstück oder bestimmten Gerüchen an, wie Schiller, der in seiner Schublade stets faule Äpfel aufbewahrte ..."

Bei Arbeiten aus dem Gebiet der Tierpsyche weicht man leicht von der Strenge des Experiments ab, die Pawlow seinen Schülern auferlegt hatte. Pawlow hält z. B. alle Methoden, welche aus Bewegungsreaktionen Schlüsse auf psychische Vorgänge im Großhirn ziehen, für schlecht, da sie seiner Ansicht nach nicht genügend exakt sind.

Bechterew steht auf einem anderen Standpunkt. Er hatte die Tragweite der Pawlowschen Versuche erst lange nicht richtig gewürdigt, schließlich aber übertrug er sie selbst gewissermaßen auf ein neues Gebiet: er schuf Assoziationen, die sich nicht durch Speichelreaktion, sondern durch Bewegungen äußerten. Er reizte z. B. den Hinterfuß eines Hundes mittels elektrischen Stromes, worauf das Tier mit Zurückziehen der Pfote reagiert. Zu dem elektrischen Reiz fügte er dann noch einen optischen oder akustischen hinzu (beispielsweise projizierte er ein Spektrum auf einen Schirm). Nach einiger Zeit löst der assoziierte Reiz allein bereits die Retraktion der Pfote aus. Dieser Versuch scheint sogar beim Menschen zu gelingen, obwohl dieser doch den Reflex zu unterdrücken versucht!

Meiner Meinung nach ist es jedenfalls sehr wertvoll, die an den Drüsen gewonnenen Ergebnisse auch auf die Muskeln auszudehnen, selbst wenn die letzteren Versuche an Exaktheit hinter den ersten zurückstehen.

Orbéli hat übrigens auch schon sehr interessante Beobachtungen über motorische Reaktionen beim Hunde angestellt. Die Bildung des Speichelreflexes ist von einer sogenannten positiven motorischen Reaktion begleitet. Banzai hält seine Augen unausgesetzt auf den Schirm geheftet, und sobald der Buchstabe T auf diesem erscheint, tut er einen freudigen Satz auf den Schirm zu, seine Blicke wandern vom Schirm zum Operateur und wieder zurück, dazu wedelt er mit seinem Schwanz. Diese Reaktion erfolgt ausnahmslos auf den gewohnten Reiz. Anfangs wirken zwar auch andere Figuren so wie das T, aber bald reagiert das Tier auf sie mit anderen Bewegungen: im ersten Moment, wenn das Bild auf dem Schirm erscheint, springt das Tier auf den Schirm zu, aber schon nach 10 bis 12 Sekunden weicht es wieder zurück und winselt kläglich. Danach betrachtet es den Schirm mit vollkommener Gleichgültigkeit.

Hoffen wir, daß trotz Pawlow, seine Schüler sich nicht auf ein allzu enges Gebiet beschränken werden. Die motorischen Reaktionen mittels objektiver Methoden zu studieren, ist das beste Mittel, den „Willen" der früheren Philosophen gänzlich zu beseitigen.

Mit der Pawlowschen Methode hat man die Veraguthsche[1] verglichen, es ist diese das Verfahren des psycho-galvanischen Reflexes. Wenn man eine Versuchsperson in einen Galvanometerkreis einschaltet, so

[1] Veraguth, Monatshefte f. Psych. u. Neurol. 1908.

zeigt das Galvanometer, sowie irgend ein Reiz wahrgenommen wird, Ausschläge: es erfolgt also eine Intensitätsänderung der elektrischen Körperströme. Wenn man eine Katze in den Stromkreis schaltet und dann das Tier sticht, so gibt das Galvanometer einen Ausschlag. Bei einem narkotisierten Tier tritt diese Reaktion dagegen nicht ein. Dieses Verfahren wäre überaus wertvoll zur objektiven Registrierung von Empfindungen, wenn es nicht zahlreiche Einwände zuließe. Manche Physiker bezweifeln die Richtigkeit der Beobachtungen, und die Physiologen können sich über den Mechanismus des Vorgangs nicht einigen. Der Galvanometerausschlag wird jedenfalls durch eine Änderung des Körperwiderstandes hervorgebracht, die vielleicht durch plötzliche Störungen des Kreislaufs und der Drüsensekretion bedingt sind. In diesem Punkte trifft die Veraguthsche mit der Pawlowschen Methode zusammen.

IV.

Labyrinthverfahren.

Die Methoden, die wir im folgenden besprechen wollen, nämlich das Labyrinth — Vexierkasten — oder Nachahmungsverfahren, sind von Thorndike[1] angegeben. Seine Versuche fanden großen Anklang und sind seither vielemal wiederholt worden. Thorndike selbst experimentierte an Hühnern, Katzen und Hunden. Der Versuch besteht darin, daß das Tier seinen Weg aus der Mitte der

[1] Thorndike, „Animal intelligence; an experiment study of the associativ processes in animals“. Suppl. of Psychological Review 1898.

Labyrinths herausfinden, oder daß es durch irgendwelche Kunstgriffe verschlossene Türen öffnen muß, um zu seinem Futter zu gelangen. Man zählt dabei die Irrtümer, die das Tier begeht, sowie die Zeit, welche es zu dem Versuch benötigt, und konstruiert danach Kurven, an denen man die Fortschritte des Tieres, die durch die Vervollkommnung der Assoziationen zustande kommen, sofort demonstrieren kann. Die Triebfeder ist Hunger oder Furcht. Es besteht allerdings die Frage, ob diese anormalen Bedingungen nicht einen veränderten Ablauf der normalen Vorgänge verursachen.

Thorndike verwandte ziemlich komplizierte Labyrinthe bei seinen Hühnern und fand, daß diese Tiere nur sehr langsam neue Assoziationen bilden.

Analoge Versuche stellte Small an weißen Ratten an. 1904 verwendeten Porter und Jessie Blount Allen[1] die Labyrinthmethode an Sperlingen respektive Meerschweinchen.

Wenn man aus der Schnelligkeit, mit der die Tiere aus der Erfahrung profitieren, auf ihre Intelligenz schließen könnte, so wäre der Sperling nach Porters Untersuchungen fast ebenso intelligent wie der Affe. Aber diese Definition der Intelligenz ist sicher unzulässig, ja wir werden sogar sehen, daß nach Allen und Watson die höheren Vorstellungen bei dem vom Labyrinthverfahren erforderten Lernen nur eine nebensächliche Bedeutung haben.

Allen verglich das Lernen von Meerschweinchen verschiedenen Alters. Für die jungen Tiere verwendete er

[1] Porter, „A preliminary study of the psychology of the english sparrow". Amer. Journ. Psych. 1904.

[2] J. B. Allen, „The associative processes of the guinea-pig". Journ. of comp. Neur. a. Psychology 1904.

ganz einfache Labyrinthe. Er stellte z. B. einen kleinen Kasten in einen größeren und diesen wiederum in den Versuchskäfig; der kleine Kasten besaß eine, der große zwei Türen, von denen die eine korrespondierend zu der Türe des kleinen Kastens angebracht war. Durch Verstellung der Kasten, d. h. also ihrer Türen, kann man den Ausweg aus dem Labyrinth beliebig variieren. Unmittelbar nach der Geburt sind die Tiere noch so schwach und ihre Bewegungen noch so unkoordiniert, daß sie zu Versuchen gar nicht fähig sind. Aber schon ein zwei Tage altes Meerschweinchen findet aus dem Labyrinth heraus zu seiner Mutter, wenn die Türen der beiden Kästen sich wenigstens annähernd gegenüberstehen. In diesem Alter zeigt sich zweifellos bereits die Existenz eines assoziativen Gedächtnisses. Ratten erreichen diese psychische Entwicklung erst viel später, etwa am 23. oder 27. Lebenstag, bei ihnen tritt auch die Entwicklung der Markscheiden und der Sinnesorgane viel später ein.

Die Versuche an erwachsenen Tieren sollten in erster Linie den Anteil der einzelnen Empfindungen bei der Bildung von Gewohnheiten aufzeigen. Der Geruchssinn kann für sich allein ein Tier leiten, der Gesichtssinn nicht, dieser muß erst mit anderen Sinnesempfindungen kombiniert werden. Übrigens sind weder Gesicht noch Geruch unerläßliche Faktoren. Die Einführung neuer Gegenstände in das Gesichtsfeld verursacht keine Störungen, und der Tastsinn scheint ziemlich bedeutungslos zu sein. Nach alledem „ist der Faktor, der bei der Erkennung des Weges die wichtigste Rolle spielt, die Gesamtheit der Empfindungen, die durch den Weg, die Drehungen und Wendungen während der Versuche empfangen wurden“.

Watson kam durch seine Arbeiten an weißen Ratten zu ganz analogen Schlüssen.[1] Er gewöhnte seine Ratten, sich in einem komplizierten Labyrinth zurechtzufinden und schaltete dann, um zu wissen, welches Sinnes sich die Ratten hauptsächlich zur Orientierung bedienen, sukzessive die einzelnen Sinne aus. Der Verlust des Augenlichts hatte keinen Einfluß auf das Orientierungsvermögen, blinde Ratten lernen ebenso schnell sich zurechtfinden wie sehende; und auch bei normalen Tieren macht Dunkelheit oder Helligkeit keinen Unterschied aus. Auch der Geruch ist scheinbar ziemlich bedeutungslos, ja selbst die Hautempfindungen: man kann die Schnurrbarthaare, die ja gewissermaßen Tasthaare sind, entfernen, ohne daß sich die Tiere dadurch langsamer zurechtfinden lernen. Mit einem Wort, eine blinde, taube, anästhetische Ratte orientiert sich ganz so, als ob sie sehen und fühlen könnte. Ein Mensch, meint Watson, wäre einer solchen Leistung sicher nicht fähig.

Das Labyrinthverfahren gibt uns nur synthetische Resultate: wir stellen fest, wie sich ein Tier in einem Labyrinth schneller oder langsamer orientiert, aber die Gesetze und den Mechanismus dieses Lernens erfahren wir aus solchen Versuchen nicht. Daß Watson einen Schritt weiter als seine Vorgänger gelangte, lag an der Kombination der Labyrinthmethode mit der pathologischen Methode (Exstirpation eines Sinnesorgans).

Analytische Resultate können wir mit dem Labyrinthverfahren bloß erhalten, wenn wir es mit anderen Methoden kombinieren. Yerkes hat denn in der Tat auf

[1] J. B. Watson, „Kinaesthetic and organic sensations, their role in the reactions of the white rat to the mare". Psychological Review 1907.

diese Weise wertvolle Gesetzmäßigkeiten im Verhalten der höheren Wirbeltiere auffinden können. Seine Versuche an Krebsen und Schildkröten sind klassisch geworden, da sie zuerst bewiesen haben, daß selbst diese relativ tiefstehenden Tiere gleich Vögeln und Säugetieren zu lernen vermögen. Besonders interessant sind seine Versuche an Tanzmäusen,[1] bei denen er die Labyrinthmethode mit der Methode der Wahl kombinierte. In den gebräuchlichen Labyrinthen hat ein Tier zwischen zwei Ausgängen zu wählen: einer von diesen führt in einen blinden Gang, der andere ins Freie. Welche Momente leiten nun das Tier bei dieser Wahl?

Yerkes verwendete zwei aneinanderstoßende, mit je einer Tür versehene Räume, deren Türen verschieden hell waren. Auf der Schwelle dieser Räume befand sich eine Vorrichtung, durch die man nach Belieben dem Tiere einen starken elektrischen Schlag versetzen konnte. Die Maus hat zwischen beiden Türen die Wahl, in dem einen Raum erwartet sie das Futter, wenn sie dagegen die falsche Türe betritt, erhält sie einen elektrischen Schlag.

Das Tier lernt rasch die richtige Türe erkennen, und holt sich ihr Futter bald aus dem rechten, bald aus dem linken Raum: natürlich muß man die Türen in unregelmäßiger Folge vertauschen, weil die Maus sich sonst den Turnus gemerkt hätte, während sie sich jetzt lediglich nach den verschiedenen Türen richten muß. Oft läuft die Maus, ehe sie sich zum Eintritt in einen Raum entschließt,

---

[1] R. M. Yerkes, „The dancing mouse". New York 1907. — Yerkes und Dodson, „The relation of strenght of stimulus to rapidity of habit formation". Jour. of comp. Neur. 1908. — Yerkes, „Modifiability of behavour in its relations to the age and sexe of the dancing mouse". Idem 1909.

wohl zwanzigmal von einer Tür zur anderen, beschnuppert sie, bis sie endlich in den einen Raum hineinläuft.

Wie aus den Versuchen von Yerkes hervorgeht, läßt sich die Maus in erster Linie von der Verschiedenheit der Lichtstärken leiten, ja sie erlangt dabei eine sehr hohe Unterscheidungsfähigkeit. Zu Beginn der Versuche wurde eine Differenz erst wahrgenommen, wenn die Lichtstärken im Verhältnis 1 : $^1/_2$ zueinander standen, später sank die Schwelle auf $^1/_5$, ja sogar bis auf $^1/_{10}$. Auf diese Weise vermochte Yerkes die Gültigkeit des Weber-Fechnerschen Gesetzes bei den Mäusen festzustellen.

Yerkes wollte ferner feststellen, ob die Stärke des elektrischen Schlages die zum Lernen nötige Zeit beeinflußt, und, falls dies zutreffen sollte, welches die optimale Stromstärke sei. Aus seinen gemeinsam mit Dodson unternommenen Versuchen stellte sich kurz folgendes heraus: wenn der Helligkeitsunterschied zwischen beiden Türen sehr groß ist, sie also leicht voneinander zu unterscheiden sind, so tritt mit wachsendem Reiz nur ganz langsam eine Verkürzung der Lehrzeit ein und die Entladungen werden bereits für den Organismus schädlich, ehe sie ihr Optimum erreicht haben. Wenn andererseits die Beleuchtungsintensität zwischen beiden Türen nicht sehr verschieden ist, die Mäuse also längere Zeit zum Lernen brauchen, so wird diese Zeit durch wachsende Stärke der Entladungen rasch abgekürzt, bis zu einem bestimmten Maximum. Kurz, je schwerer die beiden Türen zu unterscheiden sind, um so näher liegt die günstige Stromstärke der Reizschwelle. Mit anderen Worten, eine starke Reizung wirkt ungünstig auf die Feinheit des Unterscheidungsvermögens ein. Also auch diese komplizierten psychischen Vorgänge unterliegen festen Gesetzen.

Außer Helligkeitsunterschieden benutzte Yerkes bei diesen Versuchen auch noch verschieden gefärbte, verschieden geformte und verschieden große Türen, doch blieben diese Ergebnisse im wesentlichen negativ. Die Mäuse können weder grün von blau, noch violett von rot unterscheiden, in manchen, scheinbar positiven Fällen, waren es wieder Helligkeitsdifferenzen, auf die sie reagierten. Auch Form und Größe lernten sie nicht zu unterscheiden.

Bei diesen Versuchen müssen wir berücksichtigen, daß der Gesichtssinn im Leben der Tanzmäuse scheinbar eine ziemlich unwichtige Rolle spielt, erst durch das Lernen erlangen die Gesichtsempfindungen höhere Bedeutung.

Die Untersuchungen von Yerkes an Tanzmäusen bilden einen wertvollen Beitrag zur Psychologie der höheren Tiere. Es wäre zu wünschen, daß derartige Versuche auch an anderen Tieren angestellt würden, dann würde es auch gelingen, zahlreiche weitere Gesetzmäßigkeiten, die den Handlungen der höheren Tiere zugrunde liegen, aufzufinden.

Mit ganz ähnlichen Versuchsanordnungen hat neuerdings Yoakum[1] die Unterschiedsempfindlichkeit für Temperaturen bei Eichhörnchen untersucht.

V.

Der Vexierkasten.

Auch das Vexierkastenverfahren wurde zuerst von Thorndike angegeben. Man tut das Versuchstier in einen Käfig, der nur durch bestimmte mechanische Kunst-

[1] Yoakum, „Some experiments upon the behaviour of squirrels“. Journ. of comp. Neur. a. Psychology, November 1909.

griffe zu öffnen geht. Das eingeschlossene Tier sucht sich entweder zu befreien, oder falls man die Nahrung in das Innere des geschlossenen Käfigs tut, versucht es von außen hineinzugelangen.

Als Versuchstiere verwendete Thorndike Hunde und Katzen. Die Tiere sollten, um aus ihrem Gefängnis entschlüpfen zu können, entweder auf eine Klinke drücken, oder einen Türknopf drehen, oder an einem Faden ziehen, bei einigen Versuchen mußten sie sogar diese drei Griffe hintereinander ausführen.

Die eingesperrten Katzen kümmerten sich zuerst um gar nichts, sie kratzten und bissen in die Stäbe. Dabei kam es vor, daß sich, auf eine rein zufällige Bewegung des Tieres, die Türe öffnete. Diese Bewegung merkte sich das Tier und versuchte offenbar, sie nachher, wenn es wieder eingesperrt war, zu wiederholen. Nach Ablauf einer gewissen Zeit brachten die Katzen das auch wirklich fertig, und von jetzt ab brauchten sie immer kürzere Zeit, um ins Freie zu gelangen. Thorndike zeichnete seine Versuche in einer Kurve auf: auf der Abzisse wurden die Intervalle zwischen den Versuchen aufgetragen, als Ordinaten die Zeiten, welche die Katzen zum Entkommen brauchten. Die Kurve fiel ziemlich steil ab, stieg aber öfters später noch einmal an.

Die an Hunden gewonnenen Kurven fielen noch steiler ab und zeigten keinen neuen Anstieg; die Aufmerksamkeit der Hunde war vom ersten Augenblick ihrer Gefangenschaft an auf das draußen stehende Futter gerichtet.

Kinnaman[1] wiederholte diese Versuche an zwei Affen. Die Käfige der Affen waren schon mit ganz kompli-

[1] Kinnaman, „Mental life of two Macacus Rhesus monkeys in captivity". Amer. Journ. of Psychology 1902.

zierten Verschlüssen versehen, sogar mit Schlössern. Aber trotzdem lernten die Affen noch schneller wie die Hunde, die Tür öffnen.

Diese Versuche von Thorndike und Kinnaman fanden viel Anklang und sind oft nachgemacht worden, aber trotzdem steht das Ergebnis in keinem Verhältnis zur aufgewandten Mühe.

Das Vexierkastenverfahren ist ebenso wie die Labyrinthmethode ein synthetisches Verfahren. Die einzelnen Empfindungen und psychischen Mechanismen, die an den Handlungen beteiligt sind, kann man oft nur mit Mühe oder gar nicht bestimmen. Wir müssen also unbedingt neben diesen noch analytische Methoden verwenden.

Kinnaman machte denn auch ergänzende Versuche über Form-, Farben- und Größenunterscheidungsvermögen seiner Affen. Auf einem Tisch waren eine Reihe verschieden geformter und gleichfarbiger Gläser aufgestellt, aber nur eines enthielt Futter. Hatte der Affe endlich das richtige Glas entdeckt, so bildete sich auch sehr rasch eine Assoziation zwischen der Form des Glases und der Nahrung, so daß er das betreffende Glas immer wieder fand, auch wenn die Reihenfolge der Gefäße bei dem neuen Versuch verändert wurde.

In den letzten Jahren verwendete man häufig eine Kombination der Wahlmethode mit dem Vexierkastenversuch. Kürzlich stellte z. B. Hamilton[1] folgenden Versuch an. Die Türe eines Käfigs war durch vier verschiedenfarbig angestrichene Hebel zu öffnen, doch immer funktionierte nur einer dieser vier Hebel. Um nun dem

[1] Hamilton, „An experimental study of an unusual type of reaction in a dog“. Journ. of comp. Neur. and Psych. 1907.

Tiere anzuzeigen, welcher Hebel gerade im Augenblick funktionierte, wurde stets ein Signal in der Farbe des betreffenden Hebels aufgezogen. Die Hunde lernten nun in der Tat, sofort auf den Hebel, dessen Farbe das Signal anzeigte, zu drücken, allerdings fanden sie bald noch ein einfacheres Mittel, um herauszukommen: sie probierten einfach die Hebel der Reihe nach durch, bis sie den richtigen erwischten.

Es ist nicht ganz einfach, die erhaltenen Resultate richtig zu deuten. Handelt es sich um Assoziationen, Nachahmung oder Überlegung? Thorndike und Kinnaman lehnen diese letzte Möglichkeit ab, sie glauben, daß die zweckmäßigen Reaktionsbewegungen sich nach und nach mit den betreffenden Empfindungen assoziieren, während die unzweckmäßigen Bewegungen allmählich ausgeschaltet werden, und daß es nur eine Sache des Zufalls ist, wann das Tier den Kunstgriff zuerst entdeckt.

Diese Meinung wird auch von Porter vertreten, der mit Sperlingen experimentiert hatte; die Vögel mußten ebenfalls Käfige mit besonderen Verschlüssen öffnen, und zeigten sich dabei fast ebenso geschickt wie die Affen Kinnamans. Ebenso urteilt L. W. Cole,[1] nach seinen Versuchen an Waschbären. Die Waschbären sollen hinsichtlich ihrer Assoziationsgeschwindigkeit die Mitte zwischen Affen und Katzen halten.

Sollten die Bewegungen in manchen Fällen nicht doch auf überlegte Absicht zurückzuführen sein? Ein Affe z. B., der den Schlüssel nicht mit den Händen handhaben kann, versucht es mit seinen Zähnen. Diese Tatsache gibt jedenfalls zu denken.

[1] W. Cole, „Concerning the intelligence of raccoons". Journ. of comp. Neur. a. Psychology 1907.

Desgleichen stehen wir ziemlich ratlos vor einem Fall, den Hadley[1] mitgeteilt hat. In einem Hühnerhof war eine automatische Futterkrippe aufgestellt, der Trog wurde, wenn er leer war, mechanisch durch einen Hebel gehoben, und mittels dieses Hebelwerks nachgefüllt. Der betreffende Hahn pickte aus dem Futter immer die Körner heraus, die Kleie aber mochte er nicht und ließ sie stehen. Wenn nun keine Körner mehr im Trog waren, so drückte er mit seinem Kopf gegen den Hebel und erhielt auf diese Weise eine neue Portion Körner. Der Besitzer des Hühnerhofs wollte dem Hahn das Handwerk legen und brachte vor dem Hebel ein schützendes Stück Weißblech an. Es dauerte aber bloß zwei Tage, bis der Hahn das Blech entfernt hatte und das Spiel von neuem wiederholte. Hadley hält es für höchst unwahrscheinlich, daß das Manöver das erstemal durch eine zufällige Bewegung ausgeführt wurde. Man müßte aber, wie Yerkes meint, erst die Entstehung dieser Gewohnheit kennen; unmöglich ist es natürlich nicht, daß sie durch „Überlegung" entstanden sei.

VI.

Nachahmungsverfahren.

Diese Methode ist bloß auf wenige Tierarten anwendbar und hat bis jetzt auch keine besonderen Erfolge gezeitigt. Die Versuche erfordern größte Genauigkeit und ihre Deutung stößt auf große Schwierigkeiten. Fast alle älteren Beobachtungen lassen in dieser Hinsicht vieles zu wünschen übrig, da man Nachahmung und gewöhnliche

---

[1] Hadley, „Behavior of the domestic fowl", Amer. Naturalist, November 1909.

Assoziationsvorgänge nicht sorgfältig voneinander unterschieden hatte.

Ich führe deshalb hier nur die neuesten Arbeiten von solchen Autoren an, die eine genaue experimentelle Analyse der tierischen Handlungen durchführen.[1] Diese Arbeiten beziehen sich ausschließlich auf Säugetiere und auch bei diesen führten sie sehr häufig zu negativen Resultaten. Waschbären, die doch sehr intelligent sind, imitieren einander, wie Cole versichert, niemals.

Scott Berry hingegen erzielte positive Ergebnisse, wohl deshalb, weil er seine Versuchstiere sehr geschickt auswählte und nicht mehr von ihnen verlangte als sie leisten konnten. Es gibt Handlungen, die der ganzen Lebensweise des Tieres widersprechen, solche darf man natürlich von den Versuchstieren nicht verlangen. Hingegen lassen sich Ratten z. B. sehr leicht dazu abrichten, eine Leiter zu erklettern, eine Türe aufzustoßen, an einem Faden zu ziehen usw. Eine in dieser Weise dressierte Ratte setzte Berry in einen Käfig mit einer anderen, nicht dressierten, um diese zur Nachahmung ihrer Gefährtin zu veranlassen. Gewöhnlich verhalten sich die Ratten anfangs gegeneinander ganz indifferent, sobald aber die eine merkt, daß ihre Gefährtin den Weg, der ins Freie führt, kennt, verfolgt sie deren Bewegungen mit gespannter Aufmerksamkeit und versucht sie zu imitieren. Diese Nachahmung hält Berry nicht für eine automatische und instinktive, sondern glaubt, daß sie „willkürlich“ und bewußt geschieht.

[1] C. Scott Berry, „The imitative tendency of white rats“. Journ. of comp. N. a. P. 1906. — Berry, „An experimental study of imitation in cats“. Idem 1908. — J. B. Watson, „Imitation in monkeys“. Psychol. Bulletin 1908. — Haggerty, „Imitation in monkeys“. Journ. of comp. Neur. a. Psych. 1909.

Desgleichen sollen auch Katzen bewußt nachahmen. Eine junge Katze weiß allein, „instinktiv“, nicht, wie man Mäuse jagt, sie lernt das erst von den erwachsenen Tieren.

Bei den Affen hingegen spielt die Nachahmung in ihrer geistigen Entwicklung, wie Watson berichtet, nur eine ganz untergeordnete Rolle. Zur Beobachtung verwandte Watson vier Affen, und zwar einen Cynocephalus, einen Cebus und zwei Makaken. Die Tiere sollten von einem hochstehenden Brett, entweder mittels eines Stockes oder mit einer Gabel oder Harke, eine Frucht herunterlangen. Doch niemals ahmte ein Affe hierin dem anderen nach und ebensowenig imitierte einer von ihnen den Experimentator. Diese Beobachtungen stimmen mit Thorndike überein, stehen allerdings mit den Versuchen von Hobhouse im Widerspruch.

Haggerty versuchte in neuerer Zeit, diese Frage noch einmal in Angriff zu nehmen und stellte ausgedehnte Versuche an Cebus und Makaken an, über die er in einer eben erschienenen Arbeit berichtet. Ein in bestimmter Weise abgerichteter Affe sollte einem unwissenden zweiten Affen seine Kenntnisse beibringen. Einzelnen Individuen gelang die Nachahmung geradezu vollkommen, bei anderen nur zum Teil und zwei Affen ließen sich überhaupt nicht abrichten. Wir können nach Haggerty mehrere Stufen der Nachahmung unterscheiden: 1. Der Affe sieht dem dressierten Tier bloß zu, 2. er geht demselben ein Stück nach, 3. er versucht den betreffenden Kunstgriff, aber auf eine andere Weise, 4. er imitiert jede einzelne Bewegung des anderen Tieres. Diese vollkommene Nachahmung geschieht scheinbar bewußt, in Kenntnis des Zweckes.

VII.

Dressurmethode.

Das Nachahmungsverfahren ergibt, wie wir sahen, sehr ungenaue und widerspruchsvolle Resultate, aber noch unvollkommener ist ein anderes synthetisches Verfahren, die Dressur. Der Dresseur hat nur sein bestimmtes Ziel im Auge und alle Mittel sind ihm zur Erreichung desselben recht. Er benutzt die verschiedensten psychischen Fähigkeiten seines Zöglings, Assoziation, Nachahmung, Aufmerksamkeit usw., und die einzelnen Elemente lassen sich gar nicht voneinander sondern.

Einer der ersten Psychologen, der die Dressurmethode angewandt hat, war Lubbock. Seine Versuche an dem Pudel „Van“ sind allgemein bekannt.[1] Er hatte Worte wie „food“ (Futter), „tea“ (Tee), „bone“ (Knochen), „water“ (Wasser), „out“ (hinaus) in großen Lettern auf Täfelchen drucken lassen und dann den Hund dazu abgerichtet, auf Befehl das verlangte Täfelchen herbeizubringen. Zur Belohnung erhielt er das Futter, das auf den Täfelchen stand, oder er wurde hinausgelassen. „Wenn ich Van fragte, ob er spazieren gehen wollte,“ erzählt Lubbock, „so holte er freudig die Tafel mit „out“ aus dem Haufen hervor und brachte sie mir, oder lief mit ihr im Triumph nach der Türe.“

Lubbock behauptet ganz entschieden, daß der Hund zwischen Wort und Gegenstand eine Verbindung geschaffen hat, die mehr ist als eine bloße Assoziation. „Eines Tages, als Van leidend schien, besuchte mich ein Freund zum Frühstück. Er bat mich, ihm die Kunststücke meines Hundes vorzuführen. Ich erteilte also Van den

[1] Lubbock, „Les sens et l'instinct chez les animaux“. 1891.

Befehl, mir eine bestimmte Tafel zu bringen. Zu meinem größten Erstaunen brachte er nacheinander drei falsche Tafeln an, auf denen ‚ham' (Schinken), ‚bag' (Sack) und ‚brush' (Bürste) geschrieben stand. Ich sagte ihm vorwurfsvoll, aber Van, so bringe doch ‚food' oder ‚tea'! Er sah mich an, ging ganz langsam fort und brachte mir die Tafel mit ‚tea'. Als ich ihm aber in gewohnter Weise darauf Tee zu trinken gab, rührte er ihn nicht an."

Wie man sieht, suchte Lubbock bei dem Hunde die Methode der „Überredung" anzuwenden.

Hachet-Souplet nahm die Dressurversuche vor etwa 10 Jahren wieder auf und dehnte sie auch auf andere Tiere aus. Er nennt die Dressurmethode den „Prüfstein der Tierpsychologie".[1]

„Wenn wir ein höheres Tier, z. B. einen Hund durch Überredung zu etwas abrichten, indem wir ihm zu verstehen geben, was wir wollen, so sehen wir alsbald, wie seine anfangs bewußten Bewegungen nach häufigen Wiederholungen allmählich automatisch werden. Schließlich werden sie geradezu zur Manie, das Tier muß sie unter bestimmten Umständen, auf ein Wort oder eine Geste des Dresseurs hin, ausführen. Ich führe diesen Fall des Unbewußtwerdens erworbener Bewegungen an, weil er mir sehr wichtig und ausschlaggebend erscheint, aber eine rationelle Dressur liefert uns auch den Schlüssel zu vielen anderen Erscheinungen des Willens, der moralischen Vererbung usw., kurz sie öffnet der allgemeinen Psychologie einen ganz neuen Weg."

Seine Dressurerfahrungen führten Hachet-Souplet zur Aufstellung einer psychischen Stufenleiter der Tiere,

---

[1] Hachet-Souplet, „Examen psychologique des animaux". Paris 1900.

in der die Spinnen und Bienen zwischen Pferd und Katze rangieren. Die Intelligenz beginnt, wie er meint, da, wo die „Überredung“ anwendbar ist, die er folgendermaßen definiert:

„Zunächst müssen wir uns klar machen, daß die Außenwelt für den Menschen wie für das intelligente Tier gleich erscheint. Das mit Vernunft begabte Tier muß also das Verhältnis zwischen Ursache und Wirkung in gleicher Weise auffassen wie der Mensch, und wenn der Mensch durch seine ausdrucksvolle Mimik dem Tiere die Beziehungen zwischen Ursache und Wirkung klar zu machen sucht, so erleichtert er diesem die Überlegung. Wenn er also sein Ziel auf diese Weise erreicht, so ist der Beweis erbracht, daß das betreffende Tier Intelligenz besitzt“(!).

„Derartige Versuche sind äußerst kompliziert, man kann nur eine sehr vergröberte Vorstellung von ihnen geben. Natürlich wird der Versuch um so schwieriger, je weiter abseits die Dinge, zu denen man das Tier abrichten will, von dessen normalen Lebensgewohnheiten liegen. Der Experimentator leitet, erklärt und ermuntert durch sein Mienenspiel, seine Stimme (nicht so sehr durch ihre Artikulation als durch ihre Betonung, die dem Tier besonders verständlich ist wegen ihrer Analogie mit natürlichen Geräuschen, ist doch die Stimme nur die vollkommenste Nachahmung solcher Geräusche) ermutigt, schmeichelt und belohnt.“

Diese wenigen Sätze lassen schon zur Genüge erkennen, wie ungenau Hachet-Souplets Methode ist, und wir wundern uns nicht mehr über seine merkwürdigen Resultate, sowie darüber, daß die Dressurmethode bis jetzt so wenig Erfolge gezeitigt hat. Seit 10 Jahren haben wir trotz Hachet-Souplets enthusiastischen Worten durch die Dressurmethode keine einzige wissenschaftlich brauchbare Arbeit erhalten, während in dieser Zeit die Anhänger Thorndikes in Amerika und besonders die Schule Pawlows in Rußland eine ganze Reihe Erfahrungen aufgehäuft haben, die helles Licht auf die Psychologie der höheren Tiere werfen.

Jeder, der keine genaue experimentelle Analyse der Akte der Tiere durchführt, verfällt regelmäßig in phantastische Berichterstattungen. Ich erinnere dabei nur an den klugen Hans und den Hund Roger.[1] Das Pferd des Herrn von Osten antwortete durch Kopfnicken auf alle Fragen, es löste ziemlich komplizierte algebraische Aufgaben und zeigte die Zahl, die es aus der Rechnung erhielt, durch Klopfen seines Hufes an. In Abwesenheit des Herrn von Osten arbeitete der Hengst ebensogut wie in seiner Gegenwart. Diese Tatsache erschien allen so außerordentlich, daß man geradezu an Telepathie dachte. Eine Kommission des Berliner Psychologischen Instituts, vor allem Herr Pfungst, untersuchte dann den Fall eingehend und wies nach, daß der Hengst alle Bewegungen des Experimentators genau beobachtete und seine Antwort nach den fast unmerklichen und unbewußten Bewegungen des Kopfes und Rumpfes richtet, die der Frager ausführt. Nicht anders verhält es sich, nach Yerkes, mit dem Hunde Roger.

Die Fähigkeit des Aufmerkens kann bei Hunden und Pferden sehr stark entwickelt sein. Wir müßten in allen Dressurversuchen den Anteil der diversen mitwirkenden Fähigkeiten sondern können. Dazu bedarf es aber analytischer Methoden, nur diesen gehört die Zukunft.

---

[1] O. Pfungst, „Das Pferd des Herrn von Osten". Leipzig 1907. — R. M. Yerkes, „The behavior of Roger". Century Magazine 1908.

Zusammenfassung.

Wie schon aus den in den Fußnoten beigegebenen Literaturangaben hervorgeht, habe ich in diesem Buche nur die in den letzten Jahren erschienenen Arbeiten berücksichtigt. Diese Arbeiten atmen einen durchaus neuen Geist und bedeuten eine Erneuerung der Tierpsychologie. Freilich ist die Tierpsychologie noch lange keine fertige Wissenschaft, sie sucht noch nach neuen Methoden und Prinzipien und die experimentelle Analyse versagt leider noch oft genug. Indessen hat sie auch bereits sehr ermutigende Erfolge aufzuweisen, und im großen und ganzen erscheint mir die eingeschlagene Richtung ausgezeichnet.

* * *

Die erste Tat der neuen Tierpsychologie bestand darin, daß sie mit allen Wortstreitereien aufgeräumt hat. Auch die Frage, ob die Tiere ein „Bewußtsein" besitzen, läßt man heute ganz beiseite, da ihre Beantwortung außerhalb der Möglichkeit wissenschaftlicher Forschung liegt; in diesem Punkte sind sich alle, Mechanisten sowohl wie Finalisten, einig.

Wir sprechen bei den niederen Tieren nicht mehr von „Willen“ und „Nachahmung“, diese Ausdrücke gewähren keinerlei Vorteil, verursachen aber oft die größte Konfusion.

Charakteristisch ist die Haltung der neuen Tierpsychologie gegenüber dem Instinktbegriff. Früher warf man unter dem Namen „Instinkt“ die verschiedensten Tätigkeiten zusammen: Tropismen, Unterschiedsempfindlichkeit, Lebensrhythmen, einfache und komplizierte Assoziationen ... jetzt macht sich das Bedürfnis geltend, den Bereich dieses Wortes fest zu umgrenzen. Die neueren Arbeiten zeigen uns, daß die Instinkte Aggregate verschiedenster Tätigkeiten sind, die sich hauptsächlich bei Gliedertieren entwickelt haben, man muß sie also stets in ihre einfachen Komponenten zerlegen: das Wort Instinkt kann nicht als Erklärung gelten.

Nicht minder streng muß man mit dem Wort „Tropismus“ verfahren. Man hat dieses Wort arg mißbraucht, trotzdem seine richtige Anwendung sehr leicht war. Wir haben ganz bestimmte objektive Kriterien zur Erkennung der Tropismen im Sinne Loebs, d. h. der Tätigkeiten, die ganz bestimmten physiko-mechanischen Vorgängen entsprechen.

* * *

Die neue Psychologie verfolgt das Ziel, die Gesetzmäßigkeiten, die den Handlungen der Tiere zugrunde liegen, aufzufinden und zu formulieren. Schon heute haben uns die Methoden der experimentellen Analyse eine Anzahl derselben aufgezeigt, es liegt also offenbar in unserem eigensten Interesse, wenn wir diesen Weg weiter verfolgen.

Daß alle tierischen Tätigkeiten, auch die kompliziertesten, bestimmten Gesetzen unterworfen sind, unterliegt keinem Zweifel — alle biologischen Vorgänge geschehen ja nach bestimmten Gesetzen, und so hängt der Fortschritt der Biologie und damit der Tierpsychologie in erster Linie von der Entdeckung dieser Gesetze ab.

Von den Lebensäußerungen der Tiere kennen wir heute bereits die genauen Gesetze der Tropismen, wir können die Schwankungen der Intensität und den Wechsel des Vorzeichens bei den Tropismen bereits vorhersagen.

Auch die Gesetze der Unterschiedsempfindlichkeit habe ich aufgezeigt, d. h. eine Beziehung zwischen dem Vorzeichen des Tropismus und dem der Unterschiedsempfindlichkeit, die Regeln, nach denen man bestimmen kann, in welchen Fällen ein Zurückweichen, oder in welchen eine Drehung stattfinden wird, ferner die Gesetze der Zu- oder Abnahme der Wirkungen.

Auch für die Assoziationen bei Gliedertieren sind bereits Gesetze gefunden worden.

Schließlich zeigte Orbéli kürzlich, daß auch die komplizierten Vorgänge, die sich in der Großhirnrinde der Säugetiere abspielen, bestimmten Gesetzen unterworfen sind.

* * *

Indem wir erkennen, daß die biologischen und psychologischen Erscheinungen auf bestimmte Gesetze zurückführbar sind, die direkt aus den Gesetzen des chemischen Gleichgewichts fließen, geben wir auch alle finalen Erklärungsweisen auf. Mehr und mehr werden die finalen durch kausale Erklärungen ersetzt und die Einsicht bricht sich immer weiter Bahn, daß nicht alles, was ein Tier tut, in seinem Interesse liegt.

Die Tropismen führen das Tier oft genug in den Tod. Auch die Unterschiedsempfindlichkeit ist nur sehr unvollkommen angepaßt. Ferner ist auch ein Instinkt ein Aggregat verschiedener Elemente, die teils nützlich, teils schädlich sind. Natürlich muß der Instinkt in seiner Gesamtheit mit dem Leben des Tieres vereinbar sein, sonst könnte er sich nicht erhalten. Aber im großen Ganzen finden wir unter den Tätigkeiten der Tiere nicht weniger Disharmonien als Harmonien.

Zahlreiche biologische und tierpsychologische Arbeiten sind von ihren Verfassern falsch gedeutet worden, weil diese zu sehr unter dem Einfluß des Selektionsprinzips standen. Wie sehr aber der Glaube an diese Theorie im Schwinden begriffen ist, zeigen uns die neueren Schriften von J. Loeb und das Buch von Delage und Goldsmith.[1]

* * *

Die Richtungen, die ich hier kurz skizziert habe, treffen alle in dem Bestreben zusammen, die Mechanismen, die bei den tierischen Handlungen im Spiele sind, immer genauer zu analysieren, und schon sehen wir, wie sich auf Grund dieser Arbeiten eine neue Klassifikation der Tätigkeiten der Tiere entwickelt.

Wir stellen heute nicht mehr willkürliche Handlungen in Gegensatz zu unwillkürlichen, Intelligenz zum Instinkt, psychische zu mechanischen Handlungen, veränderliche

---

[1] Delage und Goldsmith, „Die Entwicklungstheorien". Leipzig 1910.

Tätigkeiten zu fixierten Reflexen usw. Wir sehen vielmehr, wie sich aus einfachen Tätigkeiten allmählich und auf verschiedensten Wegen komplizierte Tätigkeiten aufbauen.

Tropismen und Unterschiedsempfindlichkeit sind noch so einfache Vorgänge, daß man sie leicht als bedingt von den Gesetzen des chemischen Gleichgewichts aufweisen kann. Mit dem Auftreten des Gedächtnisses werden die Vorgänge komplizierter, die physikalisch-chemischen Mechanismen treten weniger deutlich hervor, wenngleich manche sehr bestechende Theorien, wie die Katalysatorentheorie Ostwalds den Vorgängen noch durchaus gerecht werden. Bei den Insekten bleiben die Assoziationen, trotz der Mannigfaltigkeit der Empfindungen, noch relativ einfach und wenig zahlreich. Erst die Ausbildung der Großhirnrinde bei den höheren Tieren ermöglicht die Bildung zahlreicher und sehr komplizierter Assoziationen, die oft aus Elementen aufgebaut sind, die selbst wieder nicht mehr einfach sind. Aber auch hier werden, wie Orbéli gezeigt hat, der Zahl und der Kompliziertheit der Assoziationen Grenzen gesteckt. Eine neue Assoziation kann eine ältere unterdrücken, aber sie kann sich plötzlich auch wieder, angeregt durch eine dritte Assoziation, zeigen. Die Intelligenz entsteht aus der Wechselwirkung zwischen den Assoziationen, und diese entsprechen mehr oder minder dauernden chemischen Veränderungen in der Großhirnrinde. Die Intelligenz ist demnach ein Reservat der Wirbeltiere.

Register.

FSC
www.fsc.org
MIX
Papier | Fördert
gute Waldnutzung
FSC® C083411

Kolibri 360 GmbH
Ferdinand-Jühlke-Straße 7
99095 Erfurt, Deutschland
produktsicherheit@kolibri360.de